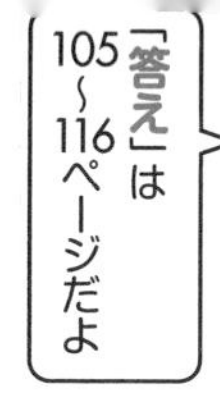

「答え」は105～116ページだよ

答えはミシンめで切りはなすこともできるからね!!

回数メーター

→ 5 10 15 20 25 30 35 40 45 50

MEMO

4年生の復習(1)

月　日(　時　分～　時　分)

なまえ

点 / 100点

1 次の問いに答えましょう。

▶5問×10点【計50点】

(1) 96まいの色紙を，6人で同じ数ずつ分けました。1人分は何まいになりますか。

答　　まい

(2) 70本のえんぴつを，5人で同じ数ずつ分けました。1人分は何本になりますか。

答　　本

(3) 2m46cmのテープがあります。6cmずつ切ると，6cmのテープは何本取れますか。

答　　本

(4) 238個のあめを，7人で同じ数ずつ分けると，1人分は何個になりますか。

答　　個

(5) 108個のあめを，12人で同じ数ずつ分けると，1人分は何個になりますか。

答　　個

2 次の問いに答えましょう。

▶ 2問×10点【計20点】

(1) リボンが164本あります。このリボンを1人17本ずつ配ったところ，11本あまりました。何人に配りましたか。

答　　　　人

(2) ある数を22でわると，商が8で，わり切れました。この数を11でわると，答えはいくつになりますか。

答

3 次の問いに答えましょう。

▶ 2問×15点【計30点】

(1) 410まいの色紙を，16人で同じ数ずつ分けました。1人分は何まいになりますか。また，何まいあまりますか。

答　　　　まい，あまり　　　　まい

(2) 1箱に15個のクッキーが入っています。7箱のクッキーを18人で同じ数ずつ分けると，1人分は何個になりますか。また，何個あまりますか。

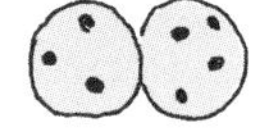

答　　　　個，あまり　　　　個

答え☞105ページ

まとめ

わり算に関する復習だよ。2けたでわる計算や，あまりを求める計算をしっかりできるようにしておこう。

4年生の復習 (2)

月　日（　時　分～　時　分）

なまえ

点 / 100点

1 次の問いに答えましょう。

▶ 5問×10点【計50点】

(1)　3.18m のテープと 2.95m のテープがあります。合わせて何 m ありますか。

答　　　　　m

(2)　1本の長さが 14.6cm のテープがあります。このテープ 24 本の長さは何 cm ですか。

答　　　　　cm

(3)　1さつの重さが 1.28kg の本があります。この本 12 さつの重さは何 kg ですか。

答　　　　　kg

(4)　76.4cm のテープから 12cm ずつ切り取っていくと，12cm のテープは何本取れますか。また，何 cm あまりますか。

答　　　　本，あまり　　　　cm

(5)　はり金 35 本の重さが 217kg のとき，このはり金 1 本の重さは何 kg ですか。

答　　　　　kg

2 次の問いに答えましょう。

▶ 2 問×10 点【計 20 点】

(1) $3\frac{2}{7}$ m のテープと $1\frac{6}{7}$ m のテープがあります。合わせて何 m ありますか。

答　　　　m

(2) 重さ $\frac{4}{9}$ kg のバケツに水を入れたところ，$4\frac{1}{9}$ kg になりました。水の重さは何 kg ですか。

答　　　　kg

3 次の問いに答えましょう。

▶ 3 問×10 点【計 30 点】

(1) 18 の 1.5 倍はいくつですか。

答

(2) ボールペンのねだんは 270 円で，えんぴつのねだんは 90 円です。ボールペンのねだんはえんぴつのねだんの何倍ですか。

答　　　　倍

(3) 赤いテープは 84.3cm で，青いテープの 3 倍の長さです。青いテープの長さは何 cm ですか。

答　　　　cm

答え☞ 105 ページ

小数，分数，割合(わりあい)の復習だよ。
小数のわり算は重要になるから，しっかりできるようにしておこうね。

4年生の復習 (3)

月　日（　時　分～　時　分）

なまえ

点 / 100点

1 次の問いに答えましょう。

▶ 4問×10点【計40点】

(1) 右の図で，アの角の大きさは何度ですか。

答　　　　　度

(2) 右の図で，アの角の大きさは何度ですか。

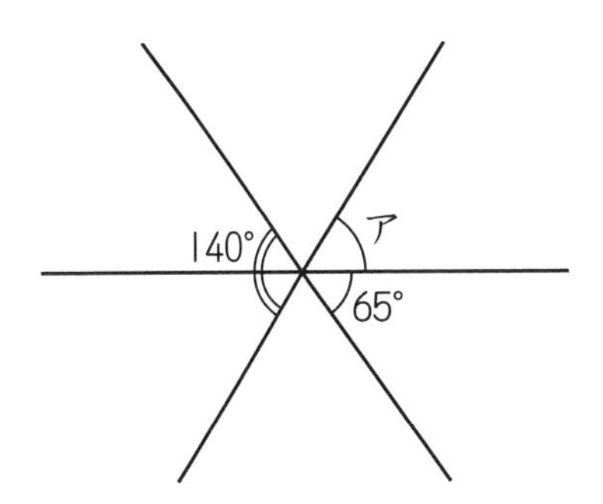

答　　　　　度

(3) 右の図で，あといは平行です。

アの角の大きさは何度ですか。

答　　　　　度

(4) 右の図で，あといは平行です。

アの角の大きさは何度ですか。

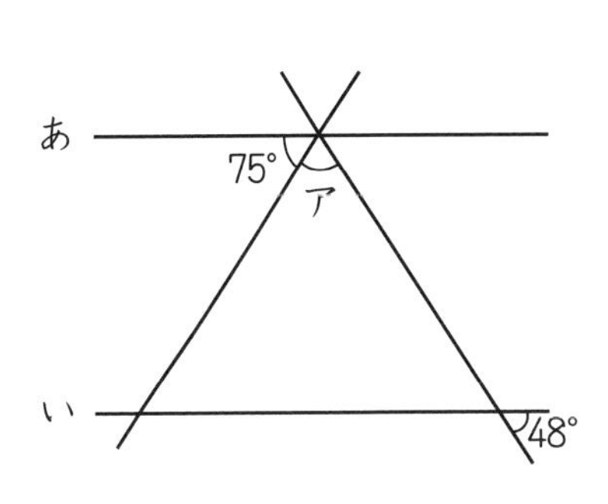

答　　　　　度

2 次の問いに答えましょう。

▶2問×15点【計30点】

(1) 右の図のアの角の大きさは何度ですか。

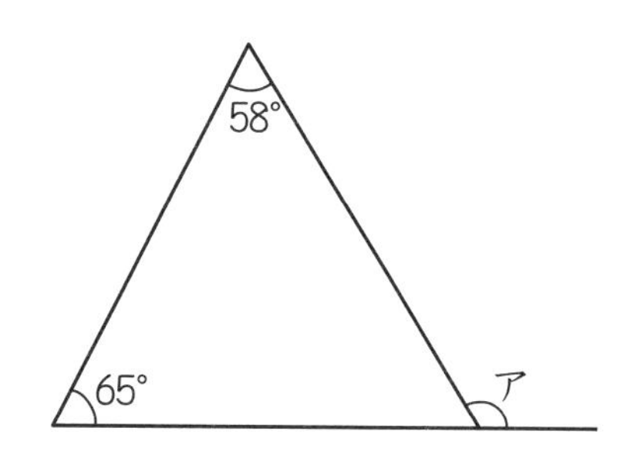

答 度

(2) 右の図の三角形は，AB＝ACの二等辺三角形です。アの角の大きさは何度ですか。

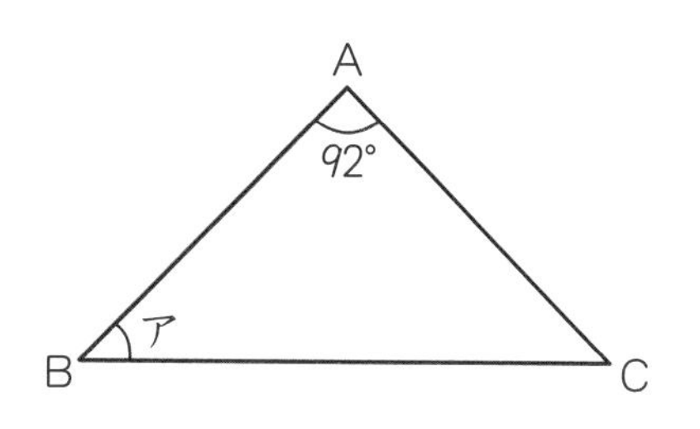

答 度

3 次の問いに答えましょう。

▶2問×15点【計30点】

下の図で，辺ABと辺CDは平行です。アとイの角の大きさは何度ですか。

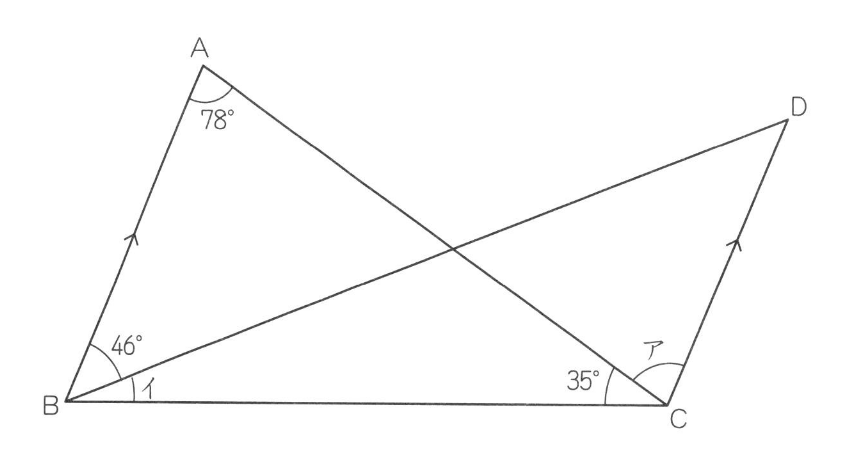

答 ア 度 答 イ 度

答え☞105ページ

図形の問題の復習だよ。
対頂角（たいちょうかく），同位角や錯角など，復習しておこう。

4年生の復習 (4)

月　日（　時　分～　時　分）

なまえ

点 / 100点

1 次の問いに答えましょう。

▶ 5問×10点【計50点】

(1) 1辺が3cmの正方形のまわりの長さは何cmですか。

答　　　　cm

(2) たて4cm，横5cmの長方形のまわりの長さは何cmですか。

答　　　　cm

(3) たて4cm，横6cmの長方形の面積は何cm^2ですか。

答　　　　cm^2

(4) 右の図形は平行四辺形です。

アとイの角の大きさは何度ですか。

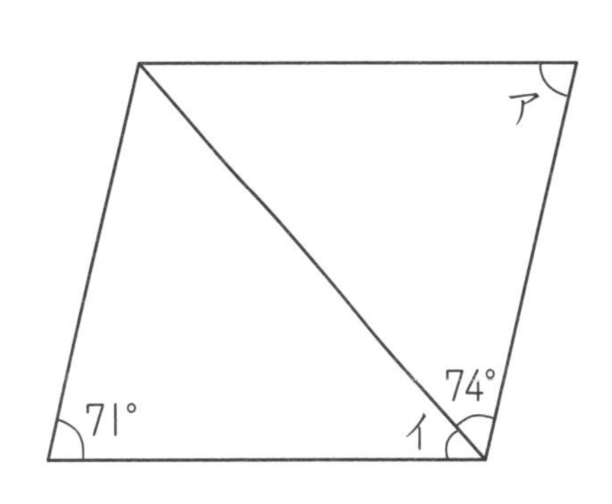

答 ア　　　　度

答 イ　　　　度

(5) 右の図形はひし形です。

アとイの角の大きさは何度ですか。

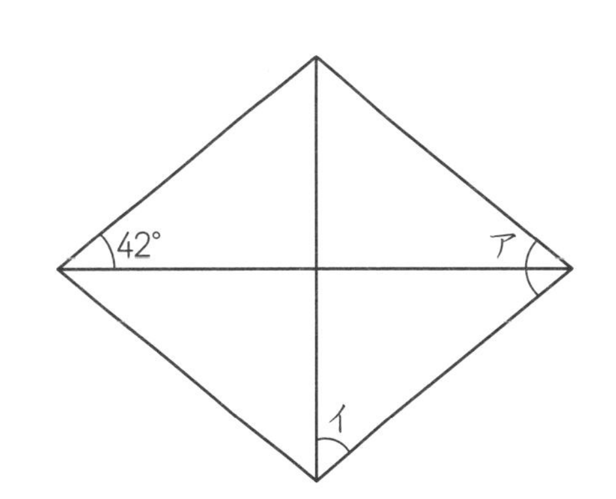

答 ア　　　　度

答 イ　　　　度

2 次の問いに答えましょう。

▶ 2問×10点【計20点】

(1) 3辺が5cm，7cm，9cmの直方体があります。この直方体の辺の長さの合計は何cmですか。

答　　　　　　　cm

(2) 1辺が6cmの立方体があります。この立方体の面の面積の合計は何cm^2ですか。

答　　　　　　　cm^2

3 次の問いに答えましょう。

▶ 2問×15点【計30点】

下の図は，直方体の展開図です。

(1) アの長さは何cmですか。

答　　　　　　　cm

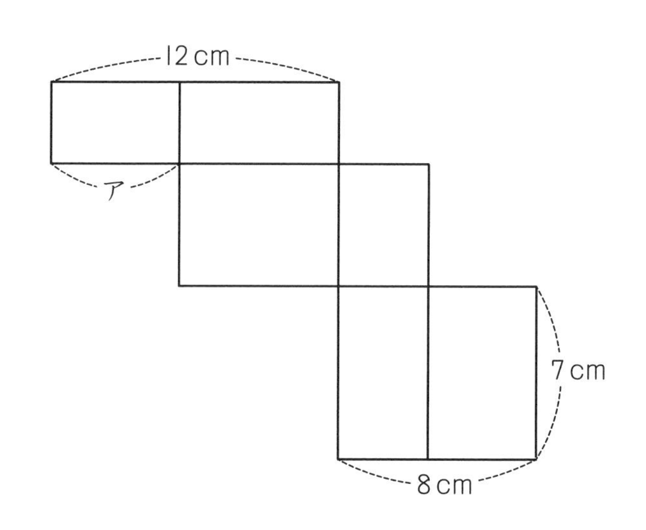

(2) この直方体の辺の長さの合計は何cmですか。

答　　　　　　　cm

図形の問題の復習だよ。
平行四辺形，ひし形などの特ちょうをまとめて，利用できるようにしておこう。

小学５年の図形と文章題

かくにんテスト（第１～４回）

月　日（　時　分～　時　分）

なまえ

点 / 100点

1 次の問いに答えましょう。

▶５問×10点【計50点】

(1)　328個のあめを，８人で同じ数ずつ分けると，１人分は何個になりますか。

答　　　　個

(2)　156個のあめを，13人で同じ数ずつ分けると，１人分は何個になりますか。

答　　　　個

(3)　１さつの重さが1.05kgの本があります。この本12さつの重さは何kgですか。

答　　　　kg

(4)　124.4cmのテープから15cmずつ切り取っていくと，15cmのテープは何本取れますか。また，何cmあまりますか。

答　　　　本，あまり　　　　cm

(5)　$3\frac{4}{9}$ mのテープと$2\frac{5}{9}$ mのテープがあります。合わせて何mありますか。

答　　　　m

2 次の問いに答えましょう。

▶ 2問×10点【計20点】

(1) 右の図で，あといは平行です。
アの角の大きさは何度ですか。

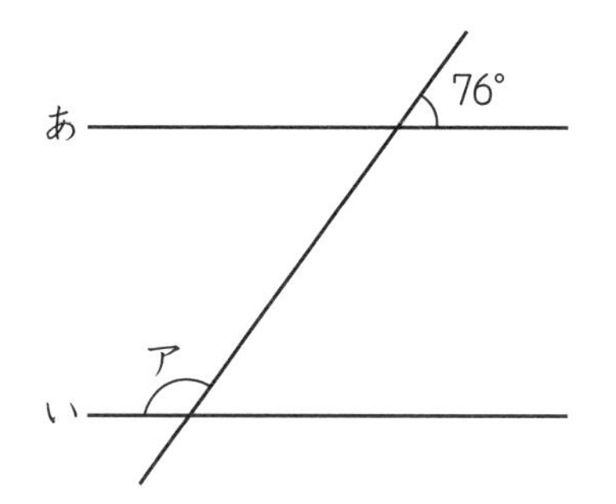

答 　　　　　度

(2) 右の図のアの角の大きさは何度ですか。

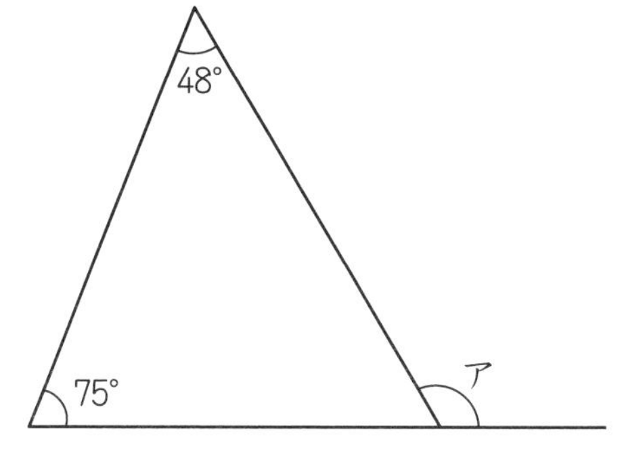

答 　　　　　度

3 次の問いに答えましょう。

▶ 3問×10点【計30点】

(1) たて8cm，横11cmの長方形の面積は何cm^2ですか。

答 　　　　　cm^2

(2) 3辺が3cm，7cm，8cmの直方体があります。この直方体の辺の長さの合計は何cmですか。

答 　　　　　cm

(3) 1辺が7cmの立方体があります。この立方体の面の面積の合計は何cm^2ですか。

答 　　　　　cm^2

答え☞106ページ

4年生のかくにんテストだね。くり上がり，くり下がりなどの計算は大切だから，しっかり復習しておこう。

小数のかけ算 (1)

月 日（ 時 分～ 時 分）

なまえ

点 / 100点

1 次の計算をしましょう。

▶ 2問×10点【計20点】

(1)

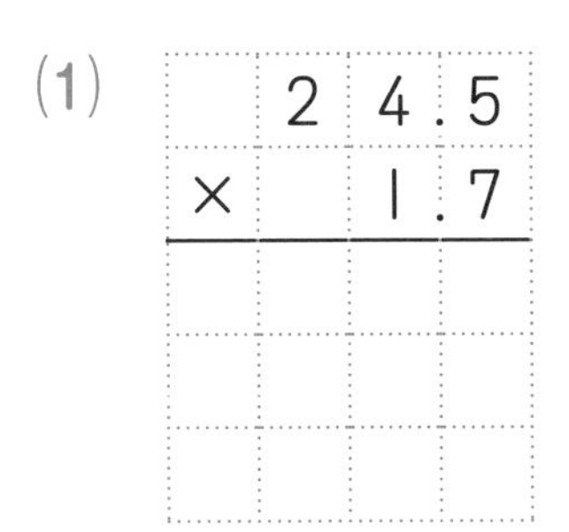

(2)

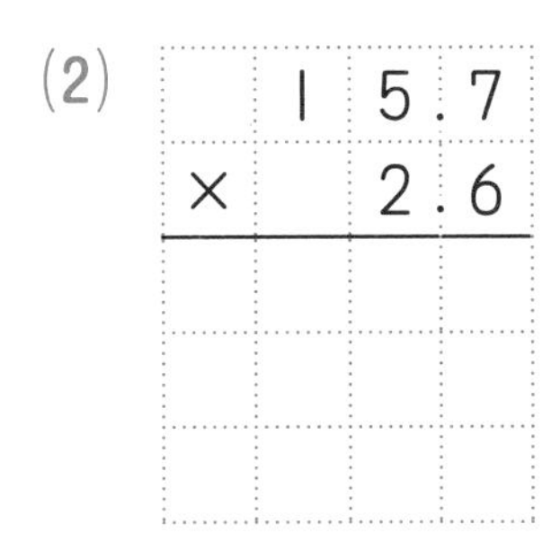

2 次の問いに答えましょう。

▶ 3問×10点【計30点】

(1) 1mの重さが1.5kgのぼうがあります。このぼう1.7mの重さは何kgですか。

答 kg

(2) 1mの重さが1.25kgのはり金があります。このはり金1.8mの重さは何kgですか。

答 kg

(3) 1mの重さが2.5gのテープがあります。このテープ2.8mの重さは何gですか。

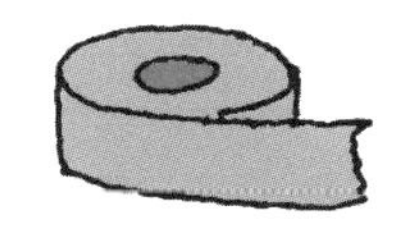

答 g

3 次の問いに答えましょう。

▶ 2 問×10 点【計 20 点】

(1) 1L のガソリンで 12.5km 走る自動車があります。
ガソリン 3.5L では何 km 走りますか。

答 　　　　　km

(2) 赤いリボンが 11.6m で，青いリボンの長さは赤いリボンの 1.6 倍です。青いリボンは何 m ですか。

答 　　　　　m

▶▶ 一歩先を行く問題

4 次の問いに答えましょう。

▶ 2 問×15 点【計 30 点】

赤いテープが 11.6m あります。青いテープの長さは赤いテープの 2.5 倍で，白いテープの長さは青いテープの 0.8 倍です。

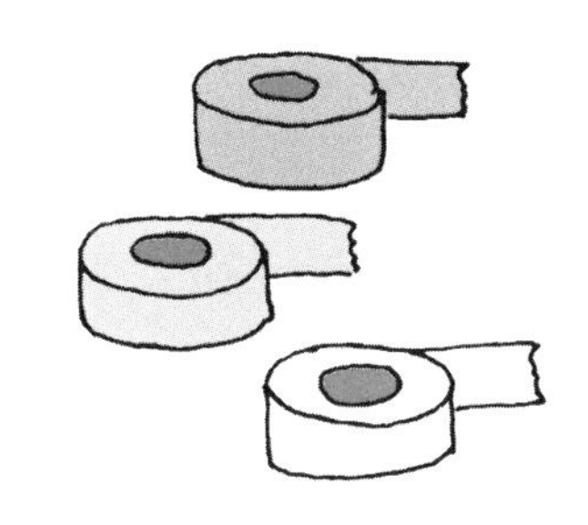

(1) 青いテープは何 m ですか。

答 　　　　　m

(2) 青いテープと白いテープのちがいは何 m ですか。

答 　　　　　m

答え☞ 106 ページ

小数のかけ算の問題だよ。
整数のかけ算と同じように計算して，答えの小数点の位置には注意しよう。

小数のかけ算 (2)

月　日（　時　分〜　時　分）

なまえ

点 / 100点

1 次の計算をしましょう。

▶ 2問×10点【計20点】

(1)

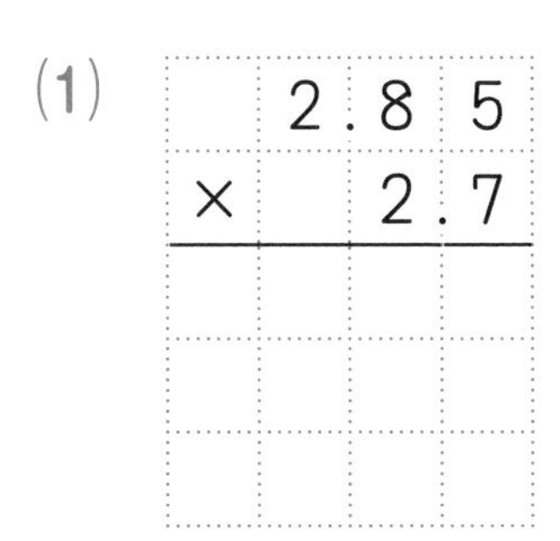

(2)

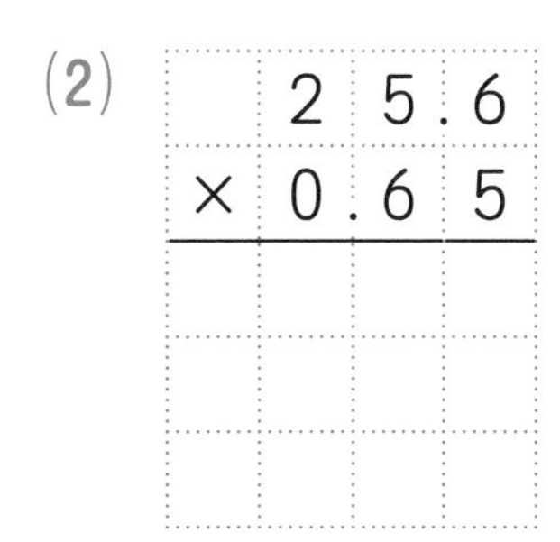

2 次の問いに答えましょう。

▶ 3問×10点【計30点】

(1) 1辺が1.8cmの正方形の面積は何cm^2ですか。

答　　　cm^2

(2) たて4.2cm，横6.5cmの長方形の面積は何cm^2ですか。

答　　　cm^2

(3) たてと横の長さの和が15cmで，たての長さが6.4cmの長方形があります。この長方形の面積は何cm^2ですか。

答　　　cm^2

3 次の問いに答えましょう。

▶2問×10点【計20点】

(1) 右の図は，正方形を２つならべたものです。この図形の面積は何 cm^2 ですか。

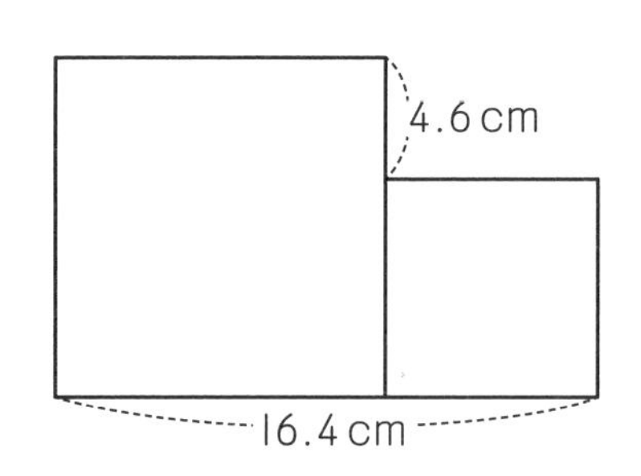

答 cm^2

(2) 右の図は，長方形から正方形を切り取ったものです。この図形の面積は何 cm^2 ですか。

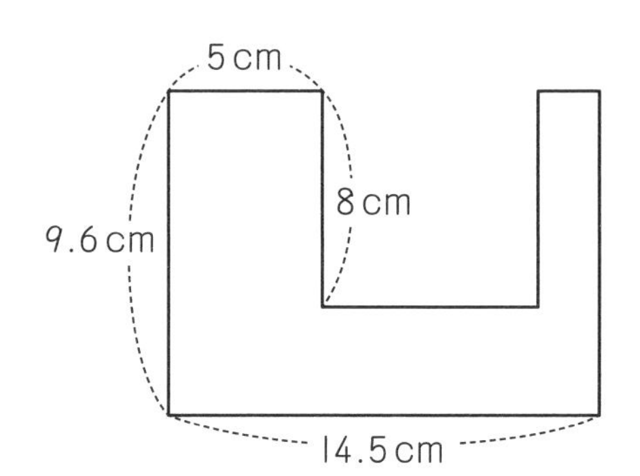

答 cm^2

▶▶一歩先を行く問題

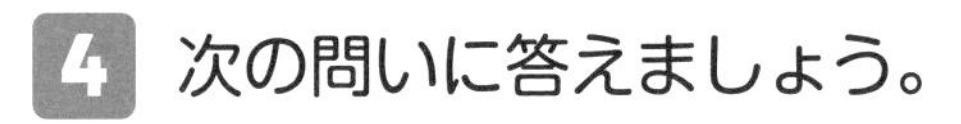

4 次の問いに答えましょう。

▶3問×10点【計30点】

(1) まわりの長さが5.2cm の正方形の面積は何 cm^2 ですか。

答 cm^2

(2) 面積が１cm^2 の正方形の１辺は何 cm ですか。

答 cm

(3) 面積が1.44cm^2 の正方形の１辺は何 cm ですか。

答 cm

第７回　小数のかけ算(2)

答え☞106ページ

小数のかけ算の問題だね。面積の問題でも同じようにして計算できるよ。
答えの小数点の位置には注意してね。

小数のわり算 (1)

月　日(　時　分～　時　分)

なまえ

点
100点

1 次の計算をしましょう。

▶ 2問×10点【計20点】

(1) $81.6 \div 4.8 =$ □

(2) $6.96 \div 1.2 =$ □

2 次の問いに答えましょう。

▶ 3問×10点【計30点】

(1) 3.5L の重さが 2.8kg の油があります。この油 1L の重さは何 kg ですか。

答　　　　kg

(2) 12.5km の道のりを 2.5 時間で歩きました。1 時間で何 km 歩きましたか。

答　　　　km

(3) 1L のガソリンで 12.4km 走る自動車があります。93km 走るのに何 L のガソリンを使いますか。

答　　　　L

3 次の問いに答えましょう。　▶2問×10点【計20点】

(1)　1530円で1.8mのロープが買えます。2040円では何mのロープが買えますか。

答　　　　m

(2)　たて2.4m，横6.5mの長方形の土地があります。この土地の面積を変えずに，たてを2.6mにするには，横を何mにすればよいですか。

答　　　　m

▶▶一歩先を行く問題

4 次の問いに答えましょう。　▶2問×15点【計30点】

ある数を2.5でわろうとしたところ，まちがえて2.5をかけてしまったため，答えは248.5になりました。

(1)　ある数はいくつですか。

答

(2)　正しい答えはいくつですか。

答

答え☞106ページ

小数のわり算の問題だよ。
小数÷小数の計算は確実にできるようにくり返し練習しよう。

小数のわり算 (2)

月　日(　時　分～　時　分)

なまえ

点 / 100点

1 商を小数第一位まで求め，あまりも求めましょう。 ▶2問×10点【計20点】

(1) $25.4 \div 9.7 =$ ☐

(2) $9.26 \div 2.4 =$ ☐

2 次の問いに答えましょう。 ▶3問×10点【計30点】

(1) 156.8cm のテープから 13.6cm ずつ切り取っていくと，13.6cm のテープは何本取れますか。また，何 cm あまりますか。

答　　本，あまり　　cm

(2) 31.4kg の小麦粉(こむぎこ)を使って，ホットケーキを作ります。1個のホットケーキに 2.6kg 使うとすると，ホットケーキは何個できて，小麦粉は何 kg あまりますか。

答　　個，あまり　　kg

(3) 22.1kg の塩を 0.9kg ずつふくろに入れます。何ふくろできて，何 kg あまりますか。

答　　ふくろ，あまり　　kg

3 次の問いに答えましょう。

▶3問×10点【計30点】

(1) 18.2 ÷ 0.8 = [ ] あまり 0.2

(2) [ ] ÷ 1.2 = 3 あまり 0.8

(3) 3.2 ÷ [ ] = 2.1 あまり 0.05

▶▶一歩先を行く問題

4 次の問いに答えましょう。

▶2問×10点【計20点】

43.6L の水を，1.7L のびんに入れていきます。

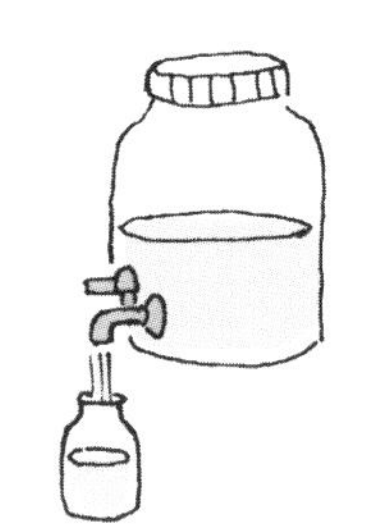

(1) びんは何本必要ですか。

答 本

(2) すべてのびんに水 1.7L を入れるためには，最低あと何 L の水が必要ですか。

答 L

答え☞107ページ

まとめ

小数のわり算の問題だよ。
あまりのある計算は，商とあまりの小数点を打つところに気をつけてね。

かくにんテスト（第６～９回）

月　日（　時　分～　時　分）

なまえ

点 / 100点

1 次の問いに答えましょう。

▶５問×10点【計50点】

(1) 1mの重さが1.4kgのはり金があります。このはり金2.2mの重さは何kgですか。

答　　　kg

(2) 1mの重さが3.5kgのテープがあります。このテープ0.8mの重さは何kgですか。

答　　　kg

(3) 1Lのガソリンで12.1km走る自動車があります。ガソリン8.6Lでは何km走りますか。

答　　　km

(4) 4.2Lの重さが3.36kgの油があります。この油1Lの重さは何kgですか。

答　　　kg

(5) 16.8kmの道のりを3.5時間で歩きました。1時間で何km歩きましたか。

答　　　km

2 次の問いに答えましょう。

▶2問×10点【計20点】

(1) 211.6cm のテープから 18.8cm ずつ切り取っていくと，18.8cm のテープは何本取れますか。また，何 cm あまりますか。

答　　本，あまり　　cm

(2) 27.3kg の小麦粉を使って，ホットケーキを作ります。1個のホットケーキに 1.9kg 使うとすると，ホットケーキは何個できて，小麦粉は何 kg あまりますか。

答　　個，あまり　　kg

3 次の問いに答えましょう。

▶3問×10点【計30点】

(1) 61.8 ÷ 0.9 = □ あまり 0.6

(2) □ ÷ 2.2 = 4 あまり 0.4

(3) 12.6 ÷ □ = 2.5 あまり 0.3

答え☞107ページ

まとめ

小数のかけ算，わり算の確認だよ。
特に，小数÷小数の計算をしっかりできるようにしよう。

倍数と約数 (1)

月　日（　時　分～　時　分）
なまえ
点
100点

1 次の計算をしましょう。

▶6問×8点【計48点】

(1) 次の整数を，偶数と奇数に分けましょう。

1，4，6，17，216，441，612

答 偶数　　　　　　奇数

(2) (偶数＋奇数) は，偶数，奇数のどちらになりますか。

答

(3) (偶数＋偶数) は，偶数，奇数のどちらになりますか。

答

(4) (奇数＋奇数) は，偶数，奇数のどちらになりますか。

答

(5) 6の倍数を，小さい方から3つ書きましょう。

答

(6) 11の倍数を，小さい方から3つ書きましょう。

答

2 次の問いに答えましょう。

▶ 3問×10点【計30点】

(1) 1から30までの整数のうち，4の倍数は何個ありますか。

答　　　　個

(2) 1から50までの整数のうち，8の倍数は何個ありますか。

答　　　　個

(3) 1から100までの整数のうち，12の倍数は何個ありますか。

答　　　　個

▶▶ 一歩先を行く問題

3 次の問いに答えましょう。

▶ 2問×11点【計22点】

(1) 6と8の公倍数を，小さい方から3つ書きましょう。

答

(2) 12と16の公倍数を，小さい方から3つ書きましょう。

答

答え☞107ページ

倍数の問題だよ。倍数とは何か，公倍数とはどんな数なのかをしっかり理解(かい)しておこう。

倍数と約数 (2)

月　日（　時　分～　時　分）

なまえ

点 / 100点

1 次の計算をしましょう。

▶6問×8点【計48点】

(1) 1から100までの整数のうち，3の倍数は何個ありますか。

答 　　　　個

(2) 1から100までの整数のうち，6の倍数は何個ありますか。

答 　　　　個

(3) 1から100までの整数のうち，15の倍数は何個ありますか。

答 　　　　個

(4) 3と4の公倍数を，小さい方から3つ書きましょう。

答

(5) 8と12の公倍数を，小さい方から3つ書きましょう。

答

(6) 18と36の公倍数を，小さい方から3つ書きましょう。

答

2 次の問いに答えましょう。

▶3問×10点【計30点】

(1) 4と9の最小公倍数はいくつですか。

答 ＿＿＿＿＿＿＿＿

(2) 9と15の最小公倍数はいくつですか。

答 ＿＿＿＿＿＿＿＿

(3) 18と27の最小公倍数はいくつですか。

答 ＿＿＿＿＿＿＿＿

▶▶一歩先を行く問題

3 次の問いに答えましょう。

▶2問×11点【計22点】

(1) 6と8と12の最小公倍数はいくつですか。

答 ＿＿＿＿＿＿＿＿

(2) 7と15と35の最小公倍数はいくつですか。

答 ＿＿＿＿＿＿＿＿

答え☞107ページ

倍数の問題だね。3つの数の最小公倍数の求め方は大変だったね。
でもすぐに慣れてくると思うから，あきらめずに取り組んでみてね。

倍数と約数 (3)

月　日（　時　分～　時　分）

なまえ

点 / 100点

1 次の計算をしましょう。

▶ 6問×8点【計48点】

(1) 3の約数を求めましょう。

答

(2) 4の約数を求めましょう。

答

(3) 6の約数を求めましょう。

答

(4) 12の約数を求めましょう。

答

(5) 8と12の公約数を求めましょう。

答

(6) 24と36の公約数を求めましょう。

答

2 次の問いに答えましょう。

▶3問×10点【計30点】

(1) 12と20の最大公約数はいくつですか。

答 ＿＿＿＿＿＿

(2) 18と27の最大公約数はいくつですか。

答 ＿＿＿＿＿＿

(3) 24と56の最大公約数はいくつですか。

答 ＿＿＿＿＿＿

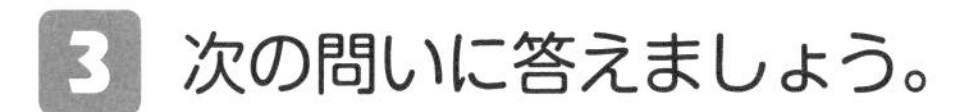

3 次の問いに答えましょう。

▶2問×11点【計22点】

(1) 12と20と24の最大公約数はいくつですか。

答 ＿＿＿＿＿＿

(2) 24と36と48の最大公約数はいくつですか。

答 ＿＿＿＿＿＿

答え☞108ページ

約数の問題だね。倍数と約数は中学，高校でも大切だよ。
最小公倍数と最大公約数を混同（こんどう）しないようにしよう。

倍数と約数 (4)

月　日（　時　分～　時　分）

なまえ

点 / 100点

1 次の計算をしましょう。

▶ 6問×10点【計60点】

(1) 15の約数は何個ありますか。

答　　個

(2) 16の約数は何個ありますか。

答　　個

(3) 36の約数は何個ありますか。

答　　個

(4) 18と24の公約数は何個ありますか。

答　　個

(5) 27と54の公約数は何個ありますか。

答　　個

(6) 24と48と54の公約数は何個ありますか。

答　　個

2 次の問いに答えましょう。

▶ 2問×10点【計20点】

(1) 48個のあめと72個のチョコレートを，それぞれ同じ数ずつ，できるだけ多くの子どもに配ろうと思います。何人の子どもに配れますか。

Chocolate

答 ＿＿＿＿＿＿＿＿人

(2) 1から100までの整数のうち，6でも8でもわり切れる数は何個ありますか。

答 ＿＿＿＿＿＿＿＿個

▶▶ 一歩先を行く問題

3 次の問いに答えましょう。

▶ 2問×10点【計20点】

1とその数自身しか約数を持たない整数を「素数（そすう）」といいます。例えば，2，3，5は素数です。

(1) 次のうち，素数はどれですか。

7，9，14，15，19

答 ＿＿＿＿＿＿＿＿

(2) 20から30までの素数を書きましょう。

答 ＿＿＿＿＿＿＿＿

答え☞108ページ

倍数，約数の問題だよ。新しいことば「素数」が出てきたね。
教科書ではあまり出てこないけれど，覚えておいてね。

かくにんテスト
(第11～14回)

月　日(　時　分～　時　分)
なまえ

点
100点

1 次の問いに答えましょう。 ▶6問×8点【計48点】

(1) 1から20までの整数のうち，3の倍数は何個ありますか。

答　　　　　個

(2) 1から50までの整数のうち，6の倍数は何個ありますか。

答　　　　　個

(3) 6と4の公倍数を，小さい方から3つ書きましょう。

答

(4) 15と12の公倍数を，小さい方から3つ書きましょう。

答

(5) 9の約数を求めましょう。

答

(6) 15の約数を求めましょう。

答

2 次の問いに答えましょう。

▶3問×10点【計30点】

(1) 18と24の最小公倍数はいくつですか。

答 ______

(2) 15と20の最大公約数はいくつですか。

答 ______

(3) 54の約数は何個ありますか。

答 ______ 個

3 次の問いに答えましょう。

▶2問×11点【計22点】

(1) 42個のあめと63個のチョコレートを，それぞれ同じ数ずつ，できるだけ多くの子どもに配ろうと思います。何人の子どもに配れますか。

答 ______ 人

(2) 1から100までの整数のうち，3でも4でもわり切れる数は何個ありますか。

答 ______ 個

答え☞108ページ

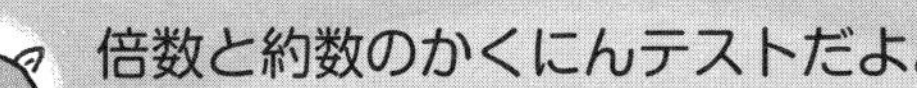

倍数と約数のかくにんテストだよ。
公倍数，公約数，素数など，いろんなことばが出てきたね。まとめておこう。

分数 (1)

月 日（ 時 分～ 時 分）

なまえ

点 / 100点

1 次の分数を小数に直しましょう。

▶ 2問×8点【計16点】

(1) $\frac{1}{4}$

答

(2) $\frac{3}{8}$

答

2 次の分数を約分しましょう。

▶ 2問×8点【計16点】

(1) $\frac{3}{15}$

答

(2) $\frac{28}{72}$

答

3 次の分数を通分しましょう。

▶ 2問×8点【計16点】

(1) $\left(\frac{1}{2}, \frac{3}{4}, \frac{5}{6}\right)$

答

(2) $\left(\frac{3}{5}, \frac{5}{12}, \frac{7}{20}\right)$

答

4 次の小数を分数に直しましょう。

▶ 2問×8点【計16点】

(1) 0.75

答

(2) 0.625

答

5 次の問いに答えましょう。

▶ 3 問×9 点【計 27 点】

(1) 重さ $1\frac{3}{8}$ kg のみかんを $\frac{5}{12}$ kg の箱に入れました。重さは全部で何 kg ありますか。

答 kg

(2) $3\frac{2}{5}$ m のテープと $\frac{1}{4}$ m のテープがあります。合わせて何 m ありますか。

答 m

(3) 重さ $\frac{2}{9}$ kg のバケツに水を $3\frac{5}{6}$ kg 入れました。重さは全部で何 kg ですか。

答 kg

▶▶ 一歩先を行く問題 

6 次の問いに答えましょう。

▶ 1 問×9 点【計 9 点】

$\frac{5}{9}$ より大きく，$\frac{5}{6}$ より小さい，分母が 72 の分数のうち，約分できない分数は何個ありますか。

答 個

答え☞ 108 ページ

分数の問題だよ。5 年生では，分母がことなるたし算，ひき算を学習するよ。
まずは，約分，通分をできるようになろう。

分数 (2)

月　日（　時　分〜　時　分）
なまえ

点 / 100点

1 次の問いに答えましょう。

▶ 4問×10点【計40点】

(1) 重さ$1\frac{3}{8}$kgのみかんを箱に入れたところ，重さは全部で$3\frac{5}{12}$kgになりました。箱の重さは何kgありますか。

答 ＿＿＿＿ kg

(2) 重さ$\frac{2}{9}$kgのバケツに水を入れたところ，$3\frac{7}{15}$kgになりました。水の重さは何kgですか。

答 ＿＿＿＿ kg

(3) ひもが$4\frac{5}{6}$mあります。このひもから$1\frac{1}{8}$m切り取りました。残ったひもは何mですか。

答 ＿＿＿＿ m

(4) 12kgのお米のうち，$2\frac{4}{7}$kgと$3\frac{5}{21}$kgのお米を食べました。残りは何kgですか。

答 ＿＿＿＿ kg

2 次の問いに答えましょう。

▶ 2問×15点【計30点】

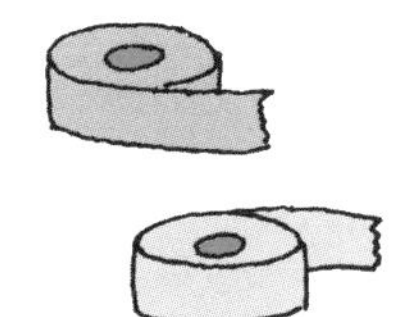

(1) 青いリボンが $2\frac{4}{15}$ m あります。赤いリボンは青いリボンよりも $\frac{8}{21}$ m 短いです。2本のリボンの長さの和は何 m ですか。

答 ＿＿＿＿ m

(2) 分母と分子の和が121で，約分すると $\frac{5}{6}$ になる分数を求めましょう。

答 ＿＿＿＿

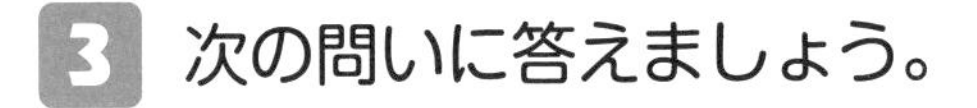

▶▶ 一歩先を行く問題

3 次の問いに答えましょう。

▶ 2問×15点【計30点】

(1) $3.25-\left(1\frac{1}{8}-\frac{5}{9}\right)=\square$

(2) $1\frac{1}{9}+\left(\square-\frac{5}{8}\right)=1\frac{23}{72}$

答え☞109ページ

まとめ　分数の問題だね。2(2)は中学入試問題でも出題されるよ。じっくり考えてみようね。

平均(へいきん) (1)

月　日（　時　分～　時　分）

なまえ

点 / 100点

1 次の計算をしましょう。

▶4問×10点【計40点】

(1) 次の人数の平均を求めましょう。

35人　28人　37人　32人

答　　　　人

(2) 次の重さの平均を求めましょう。

56g　55g　53g　52g　51g

答　　　　g

(3) 次の量の平均を求めましょう。

19L　18L　24L　15L

答　　　　L

(4) りく君が先週，読書をした時間は次のようになりました。

月	火	水	木	金	土	日
45分	40分	45分	35分	70分	60分	55分

1日平均何分読みましたか。

答　　　　分

2 次の問いに答えましょう。

▶2問×15点【計30点】

(1) あきさんが40歩(ぽ)歩いたところ，25.2mでした。あきさんの歩(ほ)はばは，平均何cmですか。

答 cm

(2) ある本を1日に平均25ページ読むと，15日で読むことができます。この本は何ページありますか。

答 ページ

▶▶一歩先を行く問題

3 次の問いに答えましょう。

▶2問×15点【計30点】

ジュースが，びんAに11dL，びんBに9dL，びんCに4dL入っています。

(1) 3本のびんに入っているジュースの量の平均は何dLですか。

答 dL

(2) 3本のびんに入っているジュースの量を等しくします。A，Bから，Cに何dL移(うつ)せばよいですか。

答 Aから dL，Bから dL

答え☞109ページ

平均の問題だよ。「平均＝合計÷その個数」で求めることができるよ。覚えておこう。

平均 (2)

月　日（　時　分～　時　分）

なまえ

点 / 100点

1 次の問いに答えましょう。

▶５問×10点【計50点】

(1) ３人の体重が43.4kg，38.6kg，41.3kgのとき，体重の平均は何kgですか。

答　　　　kg

(2) ４人の身長が143.2cm，136.6cm，145.7cm，138.1cmのとき，身長の平均は何cmですか。

答　　　　cm

(3) A，B，C３人の体重の平均が38.4kgで，Aが38.7kg，Bが37.3kgのとき，Cの体重は何kgですか。

答　　　　kg

(4) A，B，C，D４人の体重の平均が38.5kgで，Aが39.6kg，Bが41.3kg，Cが35.9kgのとき，Dの体重は何kgですか。

答　　　　kg

(5) A，B，C３人の身長の平均はちょうど138cmです。Aが138.6cm，Bが141.3cmのとき，Cの身長は何cmですか。

答　　　　cm

2 次の問いに答えましょう。

▶2問×10点【計20点】

(1) A，B2人の体重の平均が38.5kgで，Cの体重が39.7kgのとき，3人の体重の平均は何kgですか。

答 kg

(2) A，B，C3人の身長の平均が138.6cmで，Dの身長が136.6cmのとき，4人の身長の平均は何cmですか。

答 cm

▶▶一歩先を行く問題

3 次の問いに答えましょう。

▶2問×15点【計30点】

A，B，C3人の身長の平均が138.5cmです。Dを加えた4人の身長の平均は137.1cmです。

(1) 4人の身長の合計は何cmですか。

答 cm

(2) Dの身長は何cmですか。

答 cm

答え☞109ページ

平均の問題だね。例えば，A，B2人の平均が40kgで，Cが43kgの場合，3人の平均は，(40 × 2 + 43) ÷ 3 = 41kgと求められるよ。

かくにんテスト (第16～19回)

月　日(時　分～　時　分)

なまえ

点 / 100点

1 次の問いに答えましょう。

▶4問×10点【計40点】

(1) 重さ$2\frac{6}{7}$kgのりんごを$\frac{5}{14}$kgの箱に入れました。重さは全部で何kgありますか。

答　　　kg

(2) $5\frac{1}{6}$mのロープと$1\frac{5}{8}$mのロープがあります。合わせて何mありますか。

答　　　m

(3) 重さ$\frac{5}{8}$kgのバケツに水を入れたところ，$4\frac{7}{12}$kgになりました。水の重さは何kgですか。

答　　　kg

(4) ひもが$3\frac{2}{15}$mあります。このひもから$\frac{5}{6}$m切り取りました。残ったひもは何mですか。

答　　　m

2 次の問いに答えましょう。

▶2問×15点【計30点】

(1) ただし君が50歩(ぽ)歩いたところ，32.5m でした。ただし君の歩はばは，平均何 cm ですか。

答　　　　　cm

(2) ある本を1日に平均12ページ読むと，15日で読むことができます。この本は何ページありますか。

答　　　　　ページ

3 次の問いに答えましょう。

▶2問×15点【計30点】

(1) A，B2人の体重の平均が37.2kg で，C の体重が39.6kg のとき，3人の体重の平均は何 kg ですか。

答　　　　　kg

(2) A，B，C3人の身長の平均が136.3cm で，D の身長が138.3cm のとき，4人の身長の平均は何 cm ですか。

答　　　　　cm

答え☞109ページ

分数，平均のかくにんテストだよ。
分母のことなるたし算，ひき算は計算の基礎(きそ)になるから，復習しておこう。

割合(1)

月　日(　時　分～　時　分)

なまえ

点 / 100点

1 次の計算をしましょう。

▶６問×10点【計60点】

(1) 140は28の何倍ですか。

答　　倍

(2) 42は15の何倍ですか。

答　　倍

(3) 12の4倍はいくつですか。

答

(4) 20の2.4倍はいくつですか。

答

(5) 120は□の4倍です。□はいくつですか。

答

(6) 72.4は□の0.8倍です。□はいくつですか。

答

2 次の問いに答えましょう。

▶ 2問×10点【計20点】

(1) 赤いテープが40cmあります。青いテープが赤いテープの0.8倍の長さのとき，青いテープは何cmありますか。

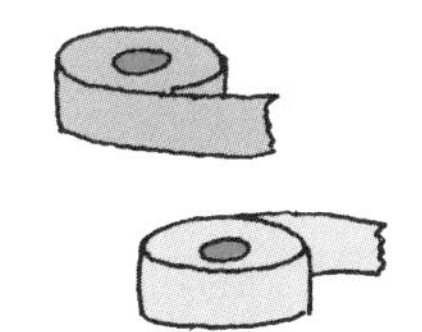

答 　　　　cm

(2) 赤いテープが41.4cmあります。赤いテープが青いテープの3倍の長さのとき，青いテープは何cmありますか。

答 　　　　cm

▶▶一歩先を行く問題

3 次の問いに答えましょう。

▶ 2問×10点【計20点】

池のまわりは1周1200mで，公園のまわりは1周300mです。

(1) 公園のまわりを1とすると，池のまわりはいくつですか。

答

(2) 公園のまわりの長さは，池のまわりの長さの何倍ですか。

答 　　　　倍

答え☞109ページ

割合の問題だよ。まずは，4年生の復習から入ったよ。
大切だからしっかり理解しておこうね。

割合 (2)

月　日（　時　分～　時　分）

なまえ

点 / 100点

1 次の計算をしましょう。

▶5問×10点【計50点】

(1) 120人の15%は何人ですか。

答　　　人

(2) 320円の20%は何円ですか。

答　　　円

(3) 定価が2000円の品物を1600円で売っています。売値は定価の何%ですか。

答　　　%

(4) 定価が1500円の品物を540円で売っています。売値は定価の何%ですか。

答　　　%

(5) 定価が4000円の品物を3割引きで売っています。売値は何円ですか。

答　　　円

2 次の問いに答えましょう。

▶2問×10点【計20点】

(1)　ある本を25%読んだところ，36ページ残りました。この本は何ページありましたか。

答　　　　ページ

(2)　ある本を4割読んだところ，48ページ残りました。この本は何ページありましたか。

答　　　　ページ

▶▶一歩先を行く問題

3 次の問いに答えましょう。

▶2問×15点【計30点】

ある本を1日目に60%読み，2日目に24ページ読んだところ，42ページ残りました。

(1)　1日目に読んだあとの残りのページは何ページですか。

答　　　　ページ

(2)　この本は何ページありましたか。

答　　　　ページ

答え☞110ページ

割合の問題だね。
「もとにする量＝比(くら)べられる量÷割合」を正しく使えるようになろうね。

速さ (1)

月　日 (　時　分～　時　分)

なまえ

点 / 100点

1 次の問いに答えましょう。

▶6問×10点【計60点】

(1) 8km を2時間で歩いた人の速さは，時速何 km ですか。

答 時速　　　km

(2) 2000m を50分で歩いた人の速さは，分速何 m ですか。

答 分速　　　m

(3) 100m を20秒で走った人の速さは，秒速何 m ですか。

答 秒速　　　m

(4) 時速4km で3時間歩いた人の道のりは，何 km ですか。

答　　　km

(5) 分速60m で5分間歩いた人の道のりは，何 m ですか。

答　　　m

(6) 秒速4m で30秒間走った人の道のりは，何 m ですか。

答　　　m

2 次の問いに答えましょう。

▶ 2問×10点【計20点】

(1) 8kmの道のりを，時速4kmで歩いたときにかかる時間は，何時間ですか。

答　　　　時間

(2) 360mの道のりを，分速60mで歩いたときにかかる時間は，何分ですか。

答　　　　分

▶▶ 一歩先を行く問題

3 次の問いに答えましょう。

▶ 2問×10点【計20点】

ある工場では，30分で480個のケーキを作っています。

(1) 1分間では何個のケーキを作っていますか。

答　　　　個

(2) 8000個のケーキを作るには何時間何分かかりますか。

答　　　　時間　　　　分

答え☞110ページ

速さの問題だよ。求め方は，「速さ＝道のり÷時間」，「道のり＝速さ×時間」，「時間＝道のり÷速さ」になるよ。しっかり覚えておこう。

小学５年の図形と文章題

速さ (2)

月　日（　時　分～　時　分）

なまえ

点 / 100点

1 次の問いに答えましょう。

▶6問×10点【計60点】

(1) 秒速6mは分速何mですか。

答 分速　　m

(2) 秒速10mは時速何kmですか。

答 時速　　km

(3) 時速21kmは分速何mですか。

答 分速　　m

(4) 時速90kmは秒速何mですか。

答 秒速　　m

(5) 時速72kmで1時間45分進んだときの道のりは，何kmですか。

答　　km

(6) 24kmの道のりを，時速40kmの自動車で行くと，かかる時間は何時間ですか。

答　　時間

2 次の問いに答えましょう。

▶2問×10点【計20点】

(1) 家から学校まで分速90mで行くと20分かかります。この道を15分で行くには分速何mで行けばよいですか。

答 分速　　　m

(2) 24kmはなれた場所まで往復(おうふく)するのに，行きは時速40kmで走りました。往復で1時間16分かかったとすると帰りの時速は何kmですか。

答 時速　　　km

▶▶一歩先を行く問題

3 次の問いに答えましょう。

▶2問×10点【計20点】

花子さんがある橋を分速60mでわたったところ，5分20秒かかりました。

(1) 橋の長さは何mですか。

答　　　m

(2) 太郎(たろう)君がこの橋を自動車でわたったところ，40秒かかりました。自動車の速さは時速何kmですか。

答 時速　　　km

答え☞110ページ

速さの問題だね。1の単位をかえる計算はできたかな。
まちがえた人は，しっかり理解しておこう。

かくにんテスト（第21～24回）

月　日（　時　分～　時　分）

なまえ

点 / 100点

1 次の問いに答えましょう。

▶6問×10点【計60点】

(1) 400円の25%は何円ですか。

答　　　円

(2) 定価が1600円の品物を1200円で売っています。売値は定価の何%ですか。

答　　　%

(3) 定価が3600円の品物を4割引きで売っています。売値は何円ですか。

答　　　円

(4) 秒速8mは分速何mですか。

答 分速　　　m

(5) 時速42kmは分速何mですか。

答 分速　　　m

(6) 時速72kmは秒速何mですか。

答 秒速　　　m

2 次の問いに答えましょう。

▶ 2問×10点【計20点】

(1) ある本を75%読んだところ，50ページ残りました。この本は何ページありましたか。

答 ページ

(2) 家から学校まで分速80mで行くと25分かかります。この道を16分で行くには分速何mで行けばよいですか。

答 分速 m

3 次の問いに答えましょう。

▶ 2問×10点【計20点】

さきさんがある橋を分速90mでわたったところ，3分20秒かかりました。

(1) 橋の長さは何mですか。

答 m

(2) りく君がこの橋を自動車でわたったところ，30秒かかりました。自動車の速さは時速何kmですか。

答 時速 km

答え☞110ページ

まとめ

割合と速さの問題のかくにんテストだよ。
どちらも大切な単元だから，復習をしておこう。

三角形と四角形

月　日（　時　分～　時　分）

なまえ

点 / 100点

1 次の問いに答えましょう。

▶ 5問×10点【計50点】

(1) 三角形の内角の和は何度ですか。

答　　　　度

(2) 四角形の内角の和は何度ですか。

答　　　　度

(3) 右の図の角アの大きさは何度ですか。

ア　55°　128°

答　　　　度

(4) 右の図の角アの大きさは何度ですか。

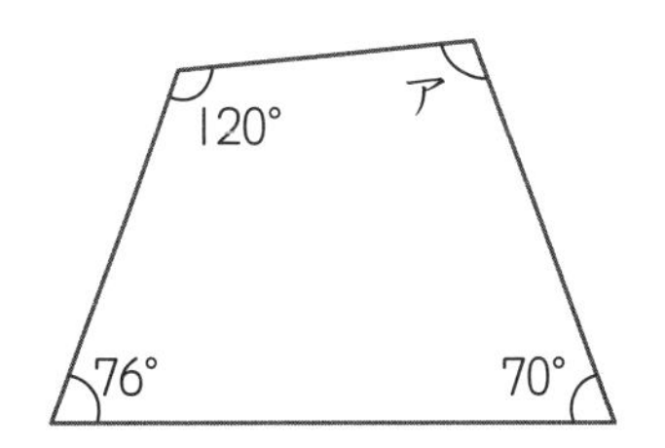

答　　　　度

(5) 右の図の角アの大きさは何度ですか。

110°　116°　ア

答　　　　度

2 次の問いに答えましょう。

▶ 2問×10点【計20点】

右の図の角アと角イの大きさは何度ですか。

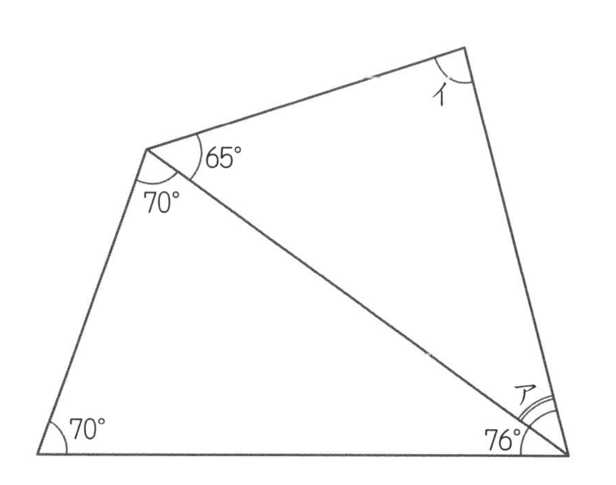

答 角ア　　　　　度

答 角イ　　　　　度

▶▶ 一歩先を行く問題

3 次の問いに答えましょう。

▶ 2問×15点【計30点】

下の図は五角形です。この五角形を三角形３個に分けました。

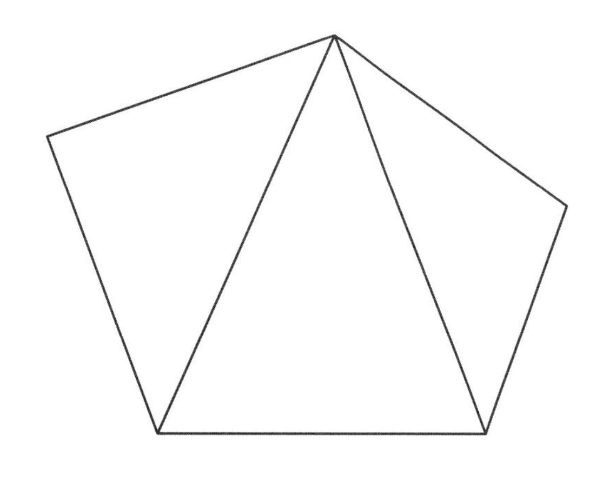

(1) 五角形の内角の和は何度ですか。

答　　　　　度

(2) 六角形の内角の和は何度ですか。

答　　　　　度

答え☞111ページ

三角形，四角形の問題だよ。内角の和は，三角形は180度，四角形は360度だね。
3のように五角形，六角形，……，も考えてみよう。

正多角形

月　日（　時　分～　時　分）

なまえ

点 / 100点

1 次の問いに答えましょう。

▶ 5問×10点【計50点】

(1) 六角形は，１つの頂点から出る対角線で，４個の三角形に分けられるので，内角の和は［　　］度です。

(2) 七角形の内角の和は何度ですか。

答　　　度

(3) 八角形の内角の和は何度ですか。

答　　　度

(4) 右の図は正五角形を５等分した図です。
アの角の大きさは何度ですか。

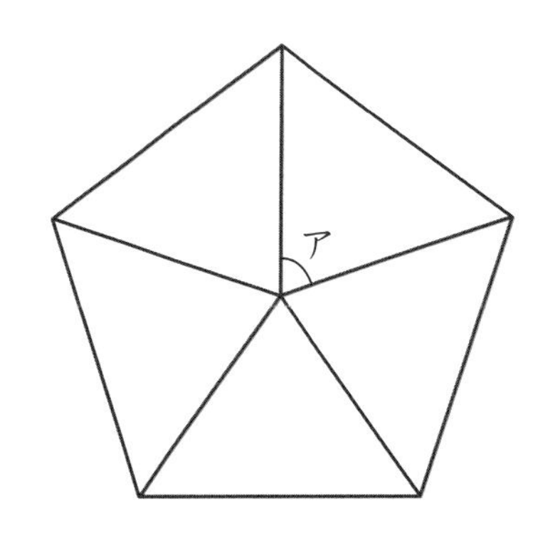

答　　　度

(5) 右の図は正六角形を６等分した図です。
アの角の大きさは何度ですか。

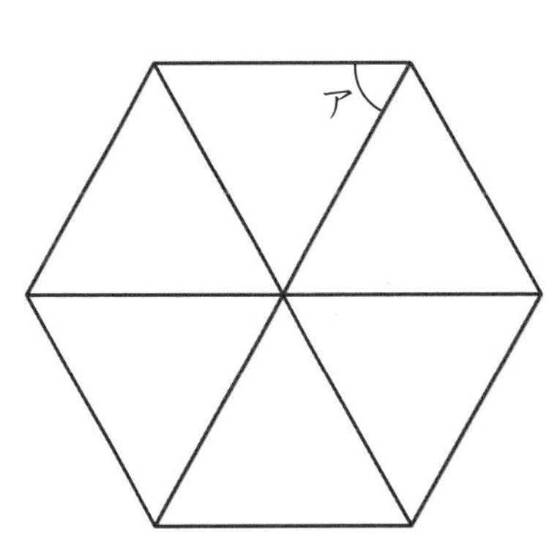

答　　　度

2 次の問いに答えましょう。

▶ 3 問×10 点【計 30 点】

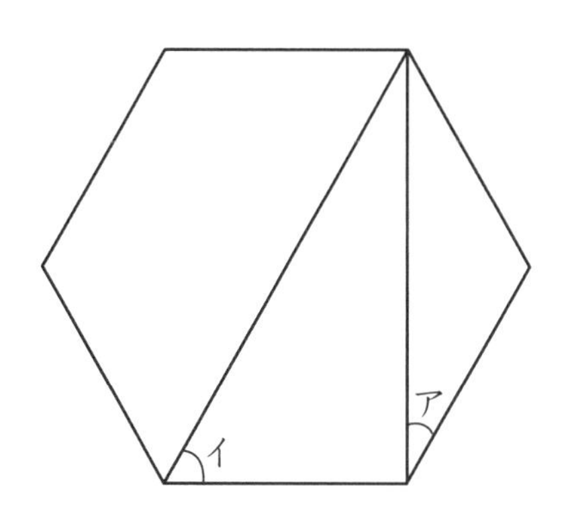

右の図は正六角形です。

(1) 内角の和は何度ですか。

答　　　　　　度

(2) アの角の大きさは何度ですか。

答　　　　　　度

(3) イの角の大きさは何度ですか。

答　　　　　　度

▶▶ 一歩先を行く問題

3 次の問いに答えましょう。

▶ 2 問×10 点【計 20 点】

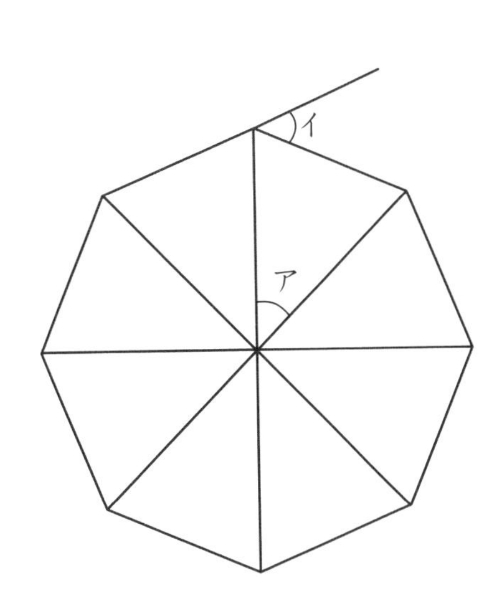

右の図は正八角形です。イは，1 辺の延長とそのとなりの辺にはさまれた角です。

(1) アとイの角の大きさは何度ですか。

答 ア　　　　度，イ　　　　度

(2) 1 つの内角の大きさは何度ですか。

答　　　　　　度

答え☞ 111 ページ

正多角形の問題だよ。
○角形の内角の和は，180 ×（○－ 2）で求めることができるよ。

第28回

円 (1)

月　日（　時　分～　時　分）

なまえ

点 / 100点

1 次の問いに答えましょう。円周率は 3.14 とします。 ▶ 6問×10点【計60点】

(1) 直径 6cm の円の円周は何 cm ですか。

答　　　　cm

(2) 直径 10cm の円の円周は何 cm ですか。

答　　　　cm

(3) 半径 8cm の円の円周は何 cm ですか。

答　　　　cm

(4) 半径 11cm の円の円周は何 cm ですか。

答　　　　cm

(5) 直径 8cm の半円の弧の長さは何 cm ですか。

答　　　　cm

(6) 半径 10cm の半円の弧の長さは何 cm ですか。

答　　　　cm

2 次の問いに答えましょう。円周率は 3.14 とします。 ▶ 2問×10点【計20点】

(1) 右の図のまわりの長さは何 cm ですか。

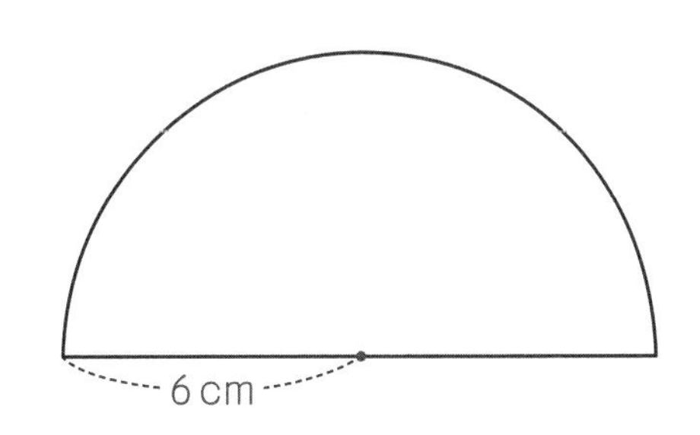

答 cm

(2) 右の図のまわりの長さは何 cm ですか。

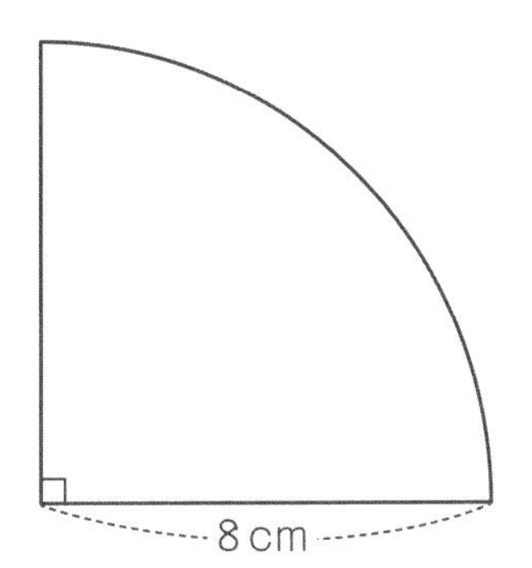

答 cm

▶▶一歩先を行く問題

3 次の問いに答えましょう。円周率は 3.14 とします。 ▶ 2問×10点【計20点】

(1) 円周の長さが 12.56cm の円の半径は何 cm ですか。

答 cm

(2) 半円の弧の長さが 47.1cm の半円の半径は何 cm ですか。

答 cm

答え☞111ページ

円の問題だよ。円周率の 3.14 は，「円周÷直径」の値(あたい)で，どんな円でも，一定なんだよ。覚えておこう。

円 (2)

月　日（　時　分～　時　分）

なまえ

点 / 100点

1 次の問いに答えましょう。円周率は 3.14 とします。 ▶ 6問×10点【計60点】

(1) 直径 14cm の円の円周は何 cm ですか。

答　　　　cm

(2) 半径 9cm の円の円周は何 cm ですか。

答　　　　cm

(3) 直径 6cm の半円の弧の長さは何 cm ですか。

答　　　　cm

(4) 半径 7cm の半円の弧の長さは何 cm ですか。

答　　　　cm

(5) 円周の長さが 18.84cm の円の直径は何 cm ですか。

答　　　　cm

(6) 円周の長さが 25.12cm の円の半径は何 cm ですか。

答　　　　cm

2 次の問いに答えましょう。

▶ 2問×10点【計20点】

(1) 右の図のまわりの長さは何 cm ですか。

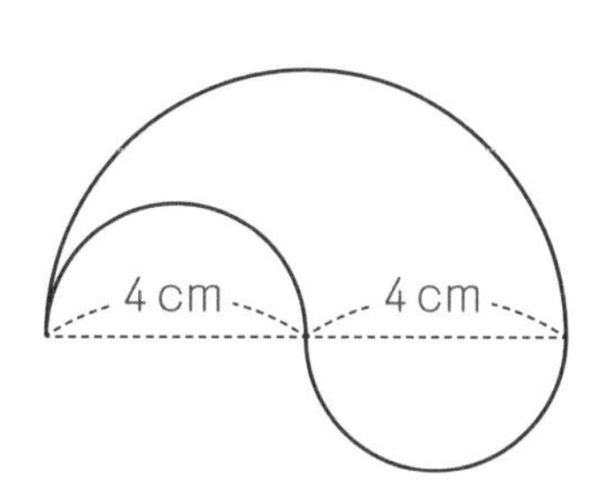

答 ＿＿＿＿＿＿ cm

(2) 右の図のまわりの長さは何 cm ですか。

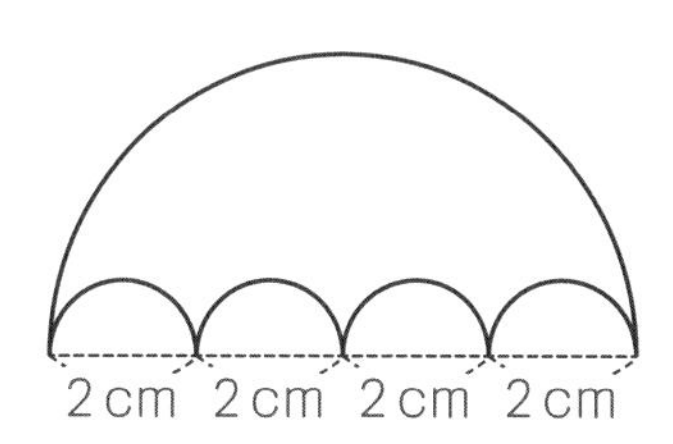

答 ＿＿＿＿＿＿ cm

▶▶ 一歩先を行く問題

3 次の問いに答えましょう。

▶ 2問×10点【計20点】

(1) 右の図のかげの部分のまわりの長さは何 cm ですか。

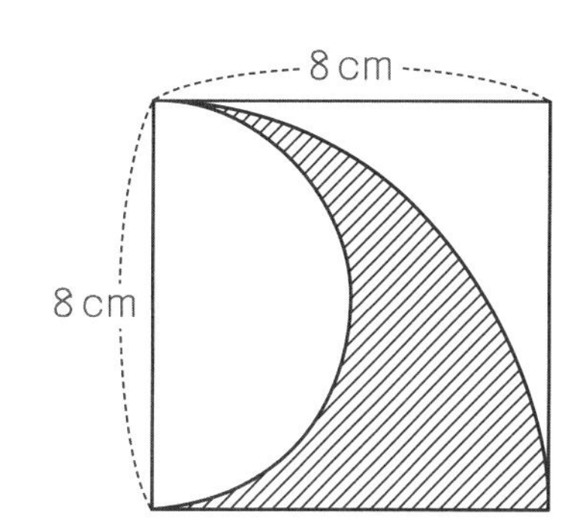

答 ＿＿＿＿＿＿ cm

(2) 右の図のかげの部分のまわりの長さは何 cm ですか。

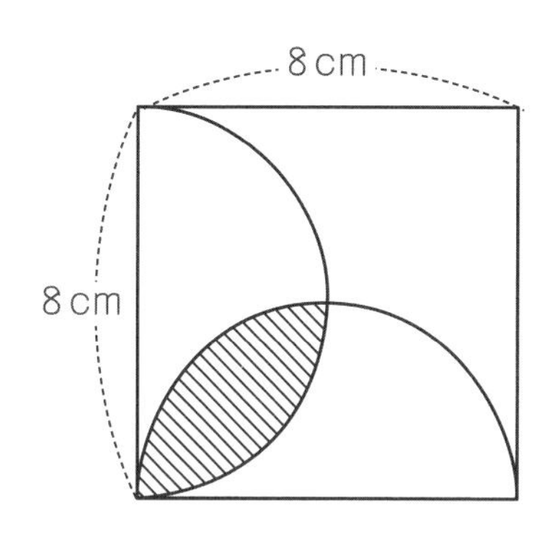

答 ＿＿＿＿＿＿ cm

答え☞111ページ

円の問題だね。円の問題では，○× 3.14 ＋□× 3.14 ＝（○＋□）× 3.14 のように，3.14 をまとめて計算しようね。

かくにんテスト
（第 26 ～ 29 回）

月　日（　時　分～　時　分）

なまえ

点 / 100点

1 次の問いに答えましょう。

▶ 4問×10点【計40点】

(1)　右の図の角アの大きさは何度ですか。

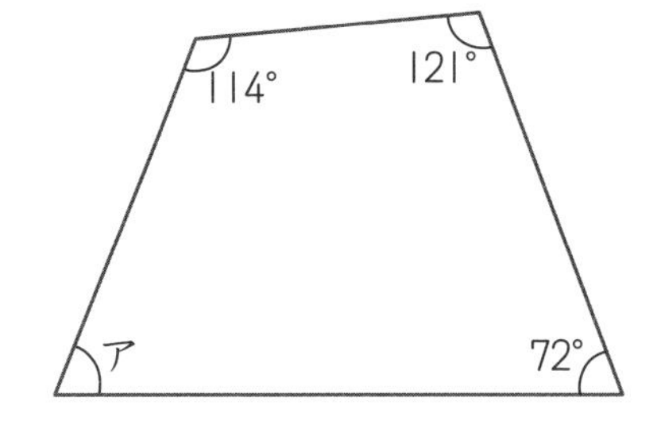

答　　　　　度

(2)　右の図の角アの大きさは何度ですか。

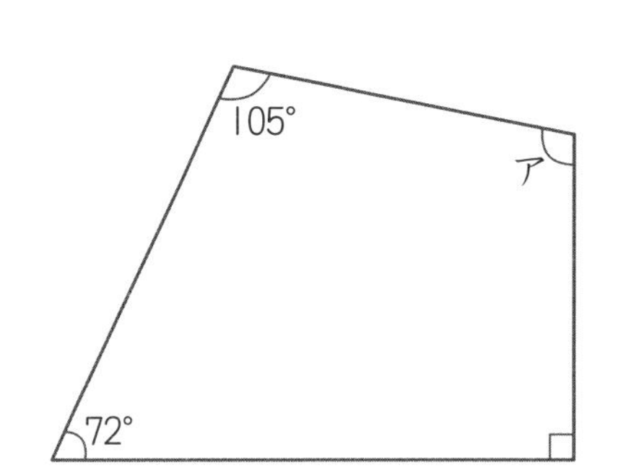

答　　　　　度

(3)　右の図は正五角形を５等分した図です。アの角の大きさは何度ですか。

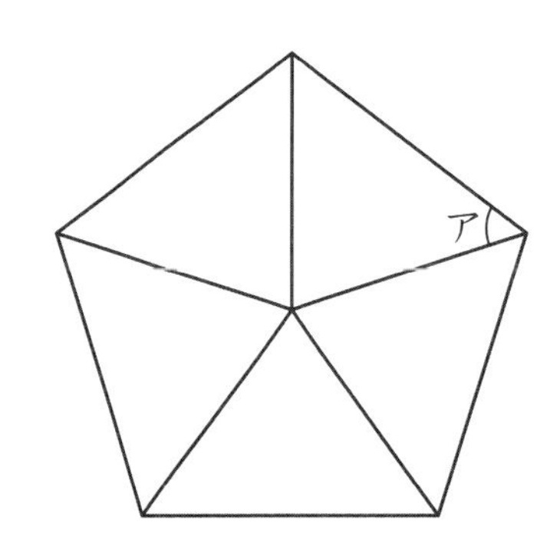

答　　　　　度

(4)　九角形の内角の和は何度ですか。

答　　　　　度

2 次の問いに答えましょう。

▶ 3問×10点【計30点】

(1) 直径15cmの円の円周は何cmですか。

答 ＿＿＿＿ cm

(2) 直径8cmの半円の弧の長さは何cmですか。

答 ＿＿＿＿ cm

(3) 円周の長さが37.68cmの円の直径は何cmですか。

答 ＿＿＿＿ cm

3 次の問いに答えましょう。

▶ 2問×15点【計30点】

(1) 右の図のまわりの長さは何cmですか。

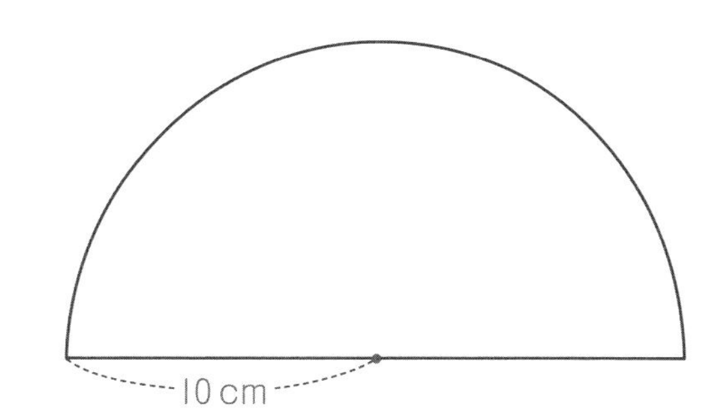

答 ＿＿＿＿ cm

(2) 右の図のまわりの長さは何cmですか。

6cm　6cm

答 ＿＿＿＿ cm

答え☞111ページ

多角形，円のかくにんテストだよ。○角形の内角の和＝180×（○－2），
円周の長さ＝直径×円周率になるよ。しっかり復習しておこう。

面積 (1)

月　日（　時　分〜　時　分）

なまえ

点 / 100点

1 次の問いに答えましょう。

▶5問×10点【計50点】

(1) 底辺が8cmで，高さが4cmの平行四辺形の面積は何cm^2ですか。

答　　　　cm^2

(2) 底辺が12cmで，高さが6cmの平行四辺形の面積は何cm^2ですか。

答　　　　cm^2

(3) 右の図の平行四辺形の面積は何cm^2ですか。

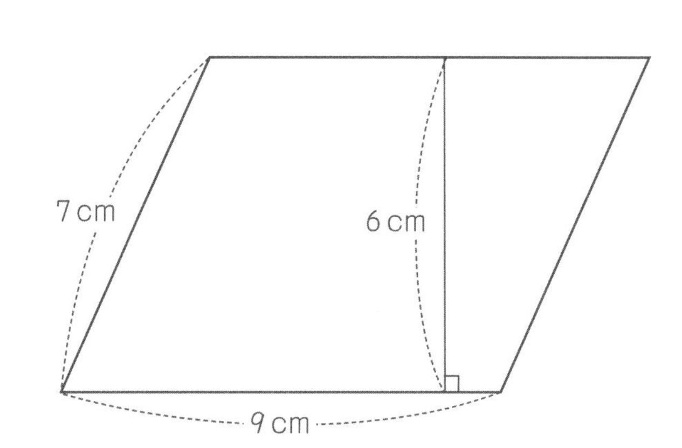

答　　　　cm^2

(4) 底辺が8cmで，面積が32cm^2の平行四辺形があります。この平行四辺形の高さは何cmですか。

答　　　　cm

(5) 高さが6cmで，面積が48cm^2の平行四辺形があります。この平行四辺形の底辺は何cmですか。

答　　　　cm

2 次の問いに答えましょう。

▶ 2問×10点【計20点】

右の図の四角形は平行四辺形です。

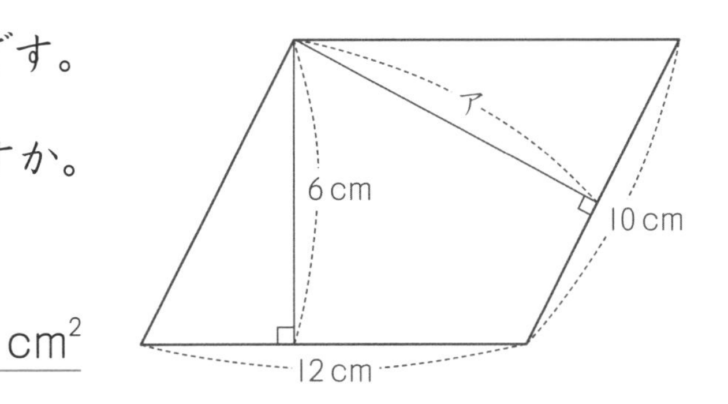

(1) 平行四辺形の面積は何cm^2ですか。

答 cm^2

(2) アの長さは何cmですか。

答 cm

▶▶ 一歩先を行く問題

3 次の問いに答えましょう。

▶ 2問×15点【計30点】

右の図の四角形ABCDは平行四辺形です。三角形BCDの面積は$90cm^2$で，三角形ABF，三角形BCFの面積はどちらも$40cm^2$です。

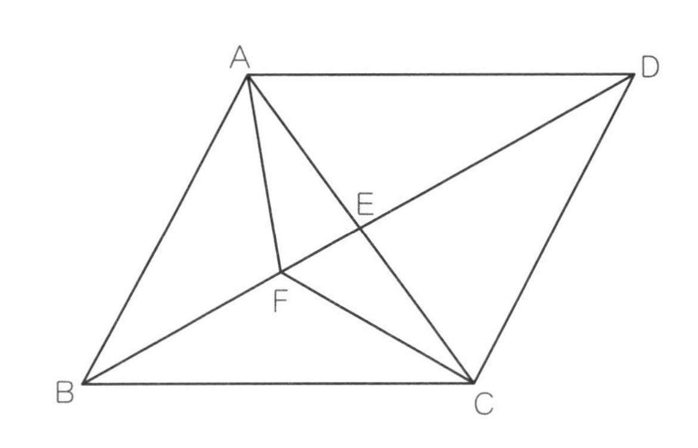

(1) 平行四辺形の面積は何cm^2ですか。

答 cm^2

(2) 三角形ACFの面積は何cm^2ですか。

答 cm^2

第31回 面積(1)

答え☞112ページ

面積の問題だね。今回は平行四辺形の面積だよ。
平行四辺形の面積は「底辺×高さ」で求められるよ。

面積 (2)

月 日（ 時 分～ 時 分）

なまえ

点 / 100点

1 次の問いに答えましょう。

▶ 5問×10点【計50点】

(1) 上底が4cm，下底が6cmで，高さが5cmの台形の面積は何cm^2ですか。

答 cm^2

(2) 上底が3cm，下底が8cmで，高さが6cmの台形の面積は何cm^2ですか。

答 cm^2

(3) 右の図の台形の面積は何cm^2ですか。

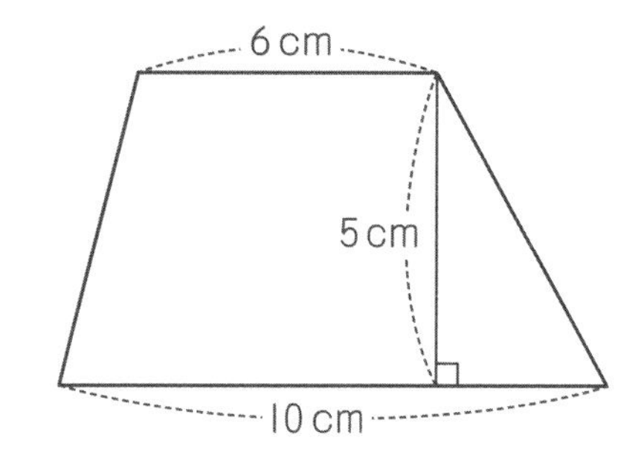

答 cm^2

(4) 上底が4cm，下底が6cmで，面積が$40cm^2$の台形があります。この台形の高さは何cmですか。

答 cm

(5) 上底が4cm，高さが5cmで，面積が$45cm^2$の台形があります。この台形の下底は何cmですか。

答 cm

2 次の問いに答えましょう。

▶ 2問×10点【計20点】

右の図のように，台形 ABCD を EF で面積の等しいアとイの部分に分けました。

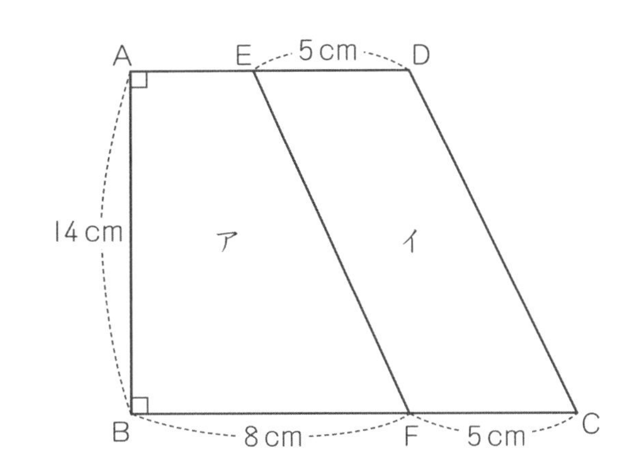

(1) アの面積は何 cm^2 ですか。

答 cm^2

(2) AE の長さは何 cm ですか。

答 cm

▶▶ 一歩先を行く問題

3 次の問いに答えましょう。

▶ 2問×15点【計30点】

右の図は長方形を組み合わせた図形で，直線 AB で面積が二等分されています。

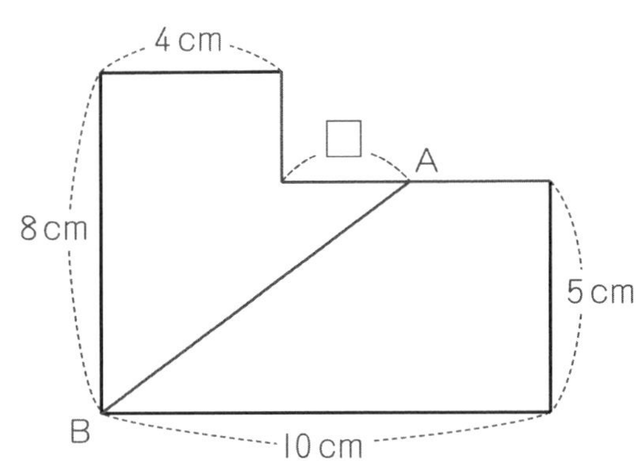

(1) 図形全体の面積は何 cm^2 ですか。

答 cm^2

(2) □の長さは何 cm ですか。

答 cm

答え☞112ページ

面積の問題だね。今回は台形の面積だよ。
台形の面積は「(上底＋下底) ×高さ÷2」で求められるよ。

面積（3）

月　日（　時　分～　時　分）

なまえ

点／100点

1 次の問いに答えましょう。

▶ 5問×10点【計50点】

(1) 底辺が8cmで，高さが5cmの三角形の面積は何cm^2ですか。

答　　　　　cm^2

(2) 底辺が12cmで，高さが9cmの三角形の面積は何cm^2ですか。

答　　　　　cm^2

(3) 右の図の三角形の面積は何cm^2ですか。

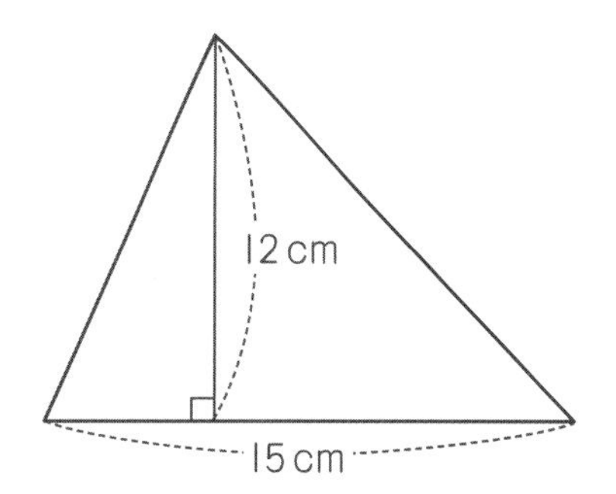

答　　　　　cm^2

(4) 底辺が4cmで，面積が$20cm^2$の三角形があります。この三角形の高さは何cmですか。

答　　　　　cm

(5) 高さが5cmで，面積が$30cm^2$の三角形があります。この三角形の底辺は何cmですか。

答　　　　　cm

2 次の問いに答えましょう。

▶ 2問×10点【計20点】

右の図のような，直角三角形があります。

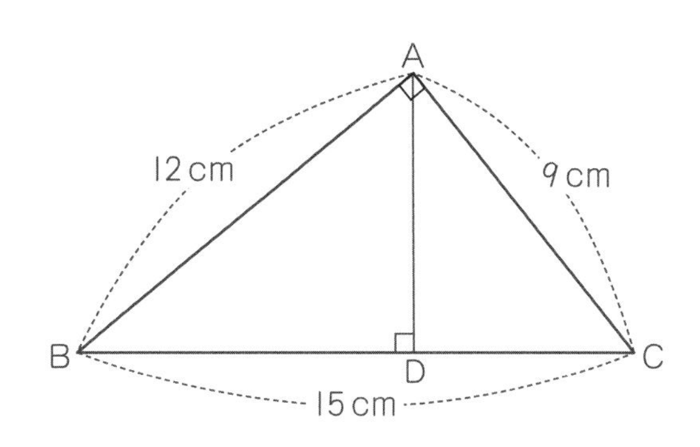

(1) 三角形 ABC の面積は何 cm^2 ですか。

答 cm^2

(2) AD の長さは何 cm ですか。

答 cm

▶▶ 一歩先を行く問題

3 次の問いに答えましょう。

▶ 2問×15点【計30点】

右の図は長方形 ABCD と直角三角形 AEB を組み合わせた図形です。

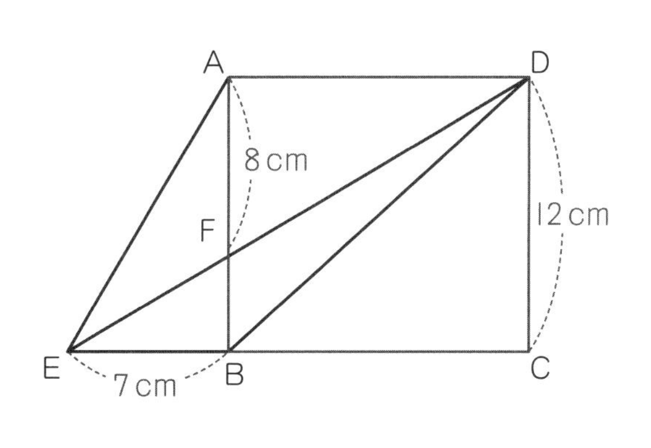

(1) 三角形 DFB の面積は何 cm^2 ですか。

答 cm^2

(2) AD の長さは何 cm ですか。

答 cm

答え☞112ページ

面積の問題だね。今回は三角形の面積だよ。三角形の面積は「底辺×高さ÷2」で求められるよ。公式を使えるだけでなく，求め方も理解しよう。

面積 (4)

月　日（　時　分～　時　分）

なまえ

点 / 100点

1 次の問いに答えましょう。

▶ 5問×10点【計50点】

(1) 対角線が8cmと5cmのひし形の面積は何cm^2ですか。

答　　　　　cm^2

(2) 対角線が6cmと12cmのひし形の面積は何cm^2ですか。

答　　　　　cm^2

(3) 1つの対角線が8cmで，面積が$24cm^2$のひし形のもう1つの対角線の長さは何cmですか。

答　　　　　cm

(4) 右の図は，1辺が1cmのます目に五角形をかいたものです。この五角形の面積は何cm^2ですか。

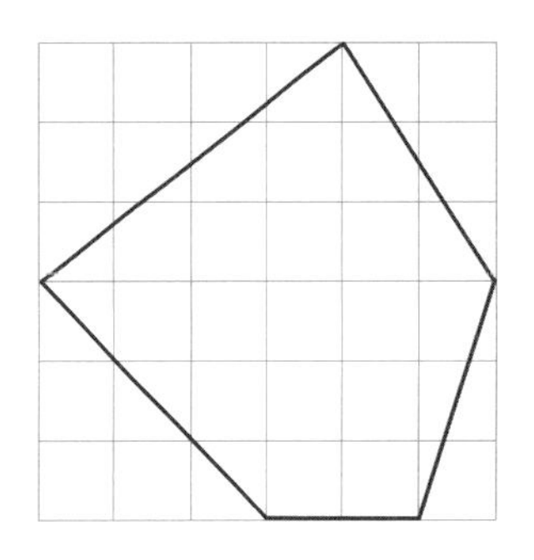

答　　　　　cm^2

(5) 右の図の面積は何cm^2ですか。

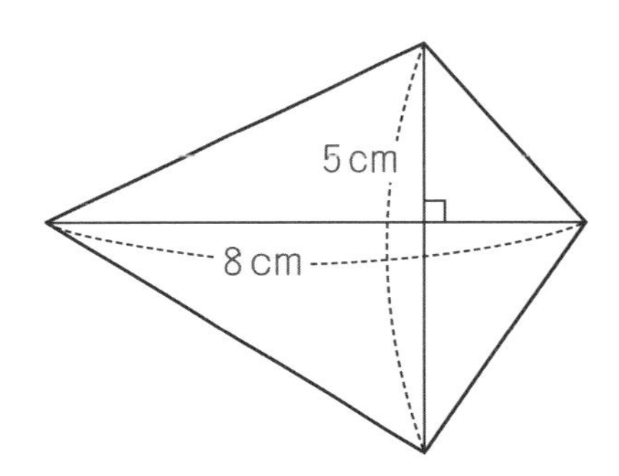

答　　　　　cm^2

2 次の問いに答えましょう。

▶ 2問×10点【計20点】

右の図は，直角二等辺三角形です。

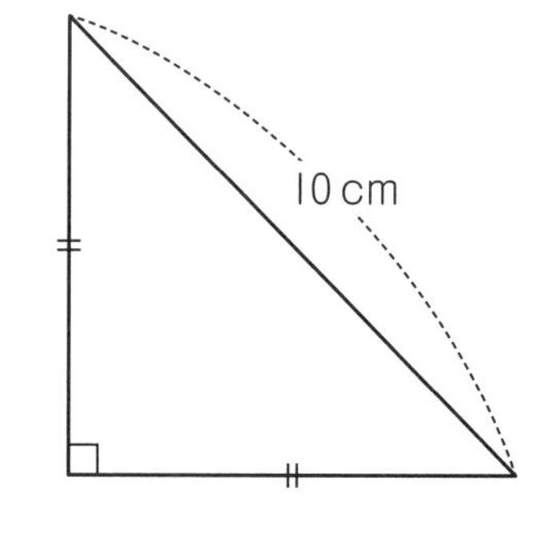

(1)　この直角二等辺三角形を4つならべて正方形を作ります。その正方形の面積は何 cm^2 ですか。

答　　　　　cm^2

(2)　この直角二等辺三角形の面積は何 cm^2 ですか。

答　　　　　cm^2

▶▶一歩先を行く問題

3 次の問いに答えましょう。

▶ 2問×15点【計30点】

右の図は，長方形から正方形を取りのぞいた図形で，直線ABで面積が二等分されます。

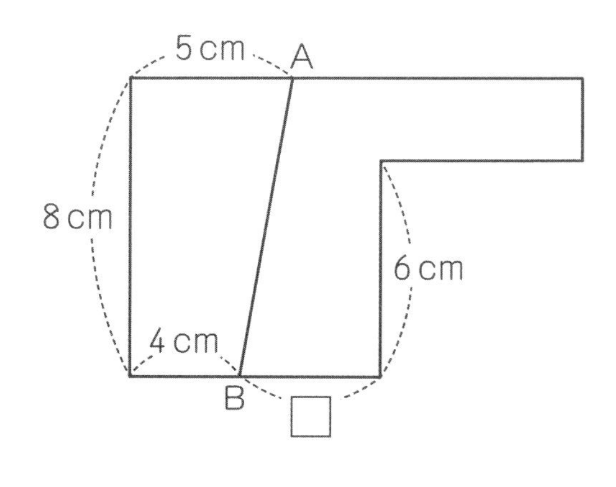

(1)　この図形の面積は何 cm^2 ですか。

答　　　　　cm^2

(2)　□の長さは何cmですか。

答　　　　　cm

答え☞112ページ

面積の問題だね。今回はひし形と複合図形の面積だよ。
対角線が直角に交わる図形の面積は「対角線×対角線÷2」で求められるよ。

かくにんテスト（第31～34回）

月　日（　時　分～　時　分）

なまえ

点 / 100点

1 次の問いに答えましょう。

▶6問×10点【計60点】

(1) 底辺が7cmで，高さが6cmの平行四辺形の面積は何cm^2ですか。

答　　　　cm^2

(2) 上底が6cm，下底が9cmで，高さが4cmの台形の面積は何cm^2ですか。

答　　　　cm^2

(3) 上底が5cm，下底が7cmで，高さが6cmの台形の面積は何cm^2ですか。

答　　　　cm^2

(4) 底辺が12cmで，高さが8cmの三角形の面積は何cm^2ですか。

答　　　　cm^2

(5) 底辺が15cmで，高さが10cmの三角形の面積は何cm^2ですか。

答　　　　cm^2

(6) 対角線が13cmと16cmのひし形の面積は何cm^2ですか。

答　　　　cm^2

2 次の問いに答えましょう。 ▶3問×8点【計24点】

(1)　上底が2cm，高さが5cmで，面積が21cm^2の台形があります。この台形の下底は何cmですか。

答　　　　　cm

(2)　高さが6cmで，面積が24cm^2の三角形があります。この三角形の底辺は何cmですか。

答　　　　　cm

(3)　1つの対角線が7cmで，面積が42cm^2のひし形のもう1つの対角線の長さは何cmですか。

答　　　　　cm

3 右の図の四角形について，次の問いに答えましょう。 ▶2問×8点【計16点】

(1)　三角形DBFの面積は何cm^2ですか。

答　　　　　cm^2

(2)　四角形EBFDの面積は何cm^2ですか。

答　　　　　cm^2

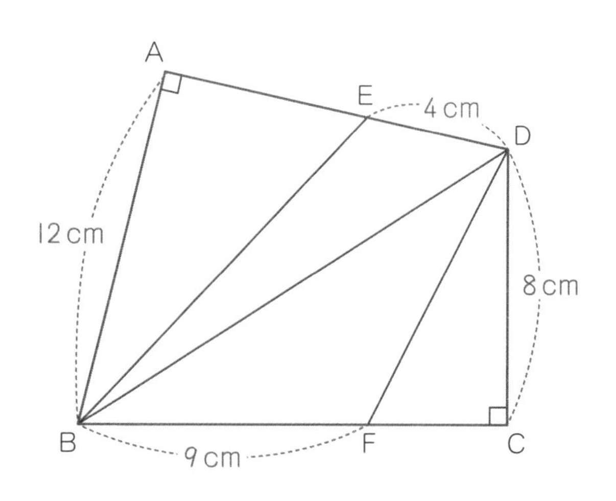

答え☞113ページ

面積に関するかくにんテストだよ。面積を求める公式が出てきたね。
公式を使えるだけでなく，求め方も理解しよう。

直方体と立方体 (1)

月　日(　時　分～　時　分)

なまえ

点 / 100点

1 次の問いに答えましょう。

▶5問×10点【計50点】

(1) 1辺が5cmの立方体の体積は何cm^3ですか。

答 ＿＿＿＿ cm^3

(2) 1辺が10cmの立方体の体積は何cm^3ですか。

答 ＿＿＿＿ cm^3

(3) たてが6cm，横が8cm，高さが5cmの直方体の体積は何cm^3ですか。

答 ＿＿＿＿ cm^3

(4) たてが9cm，横が12cm，高さが10cmの直方体の体積は何cm^3ですか。

答 ＿＿＿＿ cm^3

(5) たてが10cm，横が12cm，高さが12cmの直方体の体積は何cm^3ですか。

答 ＿＿＿＿ cm^3

2 次の直方体の展開図について，問いに答えましょう。

▶ 2 問×10 点【計 20 点】

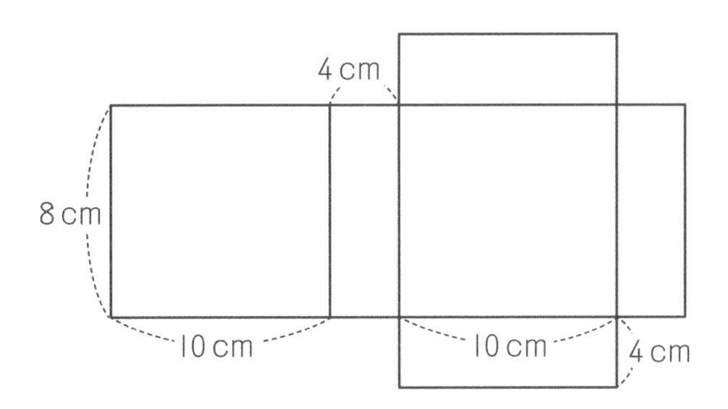

(1) この直方体の体積は何 cm^3 ですか。

答 cm^3

(2) この直方体の表面積は何 cm^2 ですか。

答 cm^2

▶▶ 一歩先を行く問題

3 次の問いに答えましょう。

▶ 2 問×15 点【計 30 点】

右の図のように，1 辺 12cm の立方体の容器（ようき）に 6cm まで水を入れました。

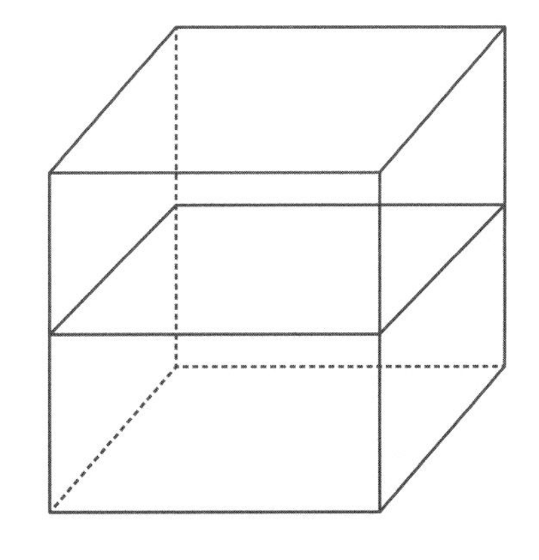

(1) 水の体積は何 cm^3 ですか。

答 cm^3

(2) この容器に石を入れたところ，水の深さが 8cm になりました。石の体積は何 cm^3 ですか。

答 cm^3

答え☞ 113 ページ

立方体と直方体の問題だよ。面積は，cm × cm = cm^2，
体積は，cm × cm × cm = cm^3 になるよ。覚えておこう。

直方体と立方体 (2)

月　日（　時　分～　時　分）

なまえ

点 / 100点

1 次の問いに答えましょう。

▶5問×10点【計50点】

(1) 1L = [　　] cm^3

(2) 1L = [　　] mL

(3) 1cm^3 = [　　] mL

(4) 下の図の立体の体積は何 cm^3 ですか。

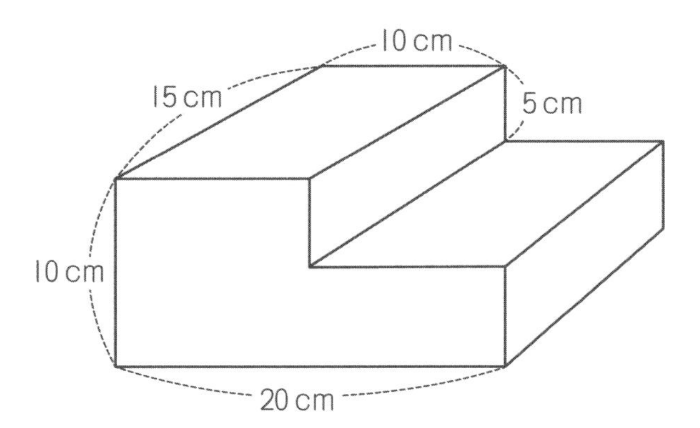

答　　　　cm^3

(5) 下の図の立体の体積は何 cm^3 ですか。

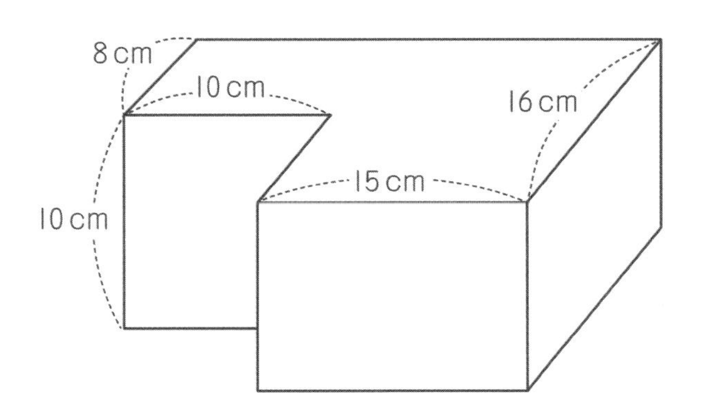

答　　　　cm^3

2 次の問いに答えましょう。

▶ 2問×10点【計20点】

下の図は，立方体から立方体を取りのぞいた立体です。

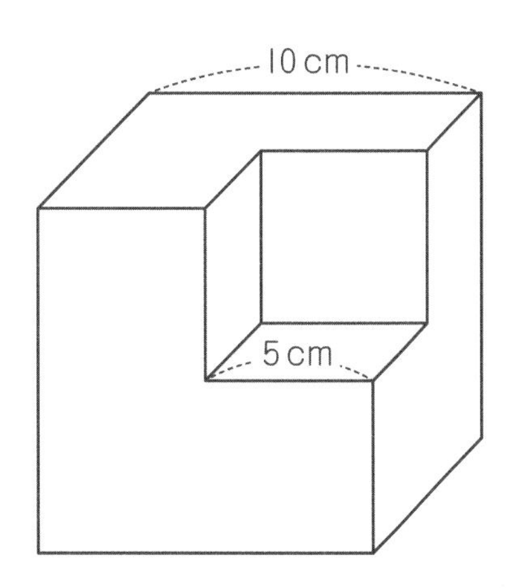

(1) この立体の体積は何 cm^3 ですか。

答 cm^3

(2) この立体の表面積は何 cm^2 ですか。

答 cm^2

▶▶一歩先を行く問題

3 次の問いに答えましょう。

▶ 3問×10点【計30点】

(1) 面積が $100cm^2$ の正方形の１辺の長さは何 cm ですか。

答 cm

(2) 体積が $1000cm^3$ の立方体の１辺の長さは何 cm ですか。

答 cm

(3) 体積が $512cm^3$ の立方体の１辺の長さは何 cm ですか。

答 cm

答え☞ 113ページ

立方体と直方体の問題だよ。立方体の体積から１辺の長さを求めるのはむずかしかったかな。１辺の長さをいろいろ変えてやってみてね。

直方体と立方体 (3)

月　日（　時　分～　時　分）
なまえ

点 / 100点

1 次の問いに答えましょう。

▶５問×10点【計50点】

(1) １辺の長さが4cm の立方体の表面積は何 cm^2 ですか。

答　　　　cm^2

(2) １辺の長さが7cm の立方体の表面積は何 cm^2 ですか。

答　　　　cm^2

(3) ３辺の長さが4cm, 5cm, 6cm の直方体の表面積は何 cm^2 ですか。

答　　　　cm^2

(4) ３辺の長さが3cm, 5cm, 9cm の直方体の表面積は何 cm^2 ですか。

答　　　　cm^2

(5) 右の図は，１辺の長さが6cm の立方体と１辺の長さが3cm の立方体を重ねた立体です。この立体の表面積は何 cm^2 ですか。

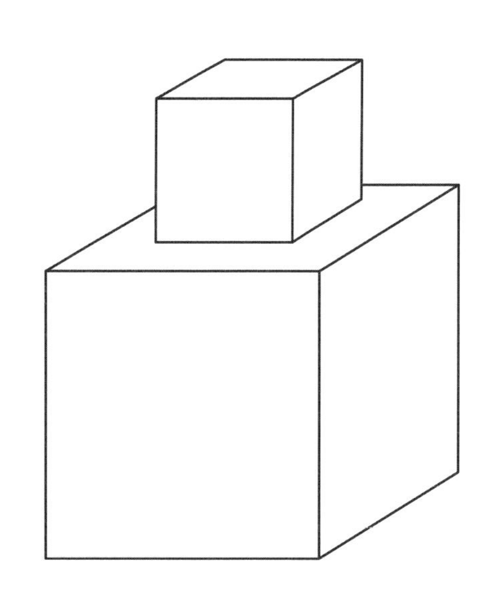

答　　　　cm^2

2 次の問いに答えましょう。

▶ 2問×10点【計20点】

下の図は直方体から直方体を切り取った立体です。

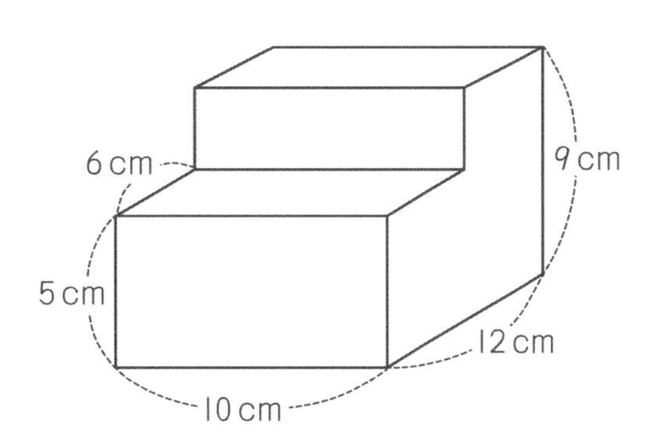

(1) 体積は何 cm^3 ですか。

答 cm^3

(2) 表面積は何 cm^2 ですか。

答 cm^2

▶▶ 一歩先を行く問題

3 次の問いに答えましょう。

▶ 2問×15点【計30点】

右の図のように，長方形からかげの部分を切り取り，直方体の展開図を作りました。

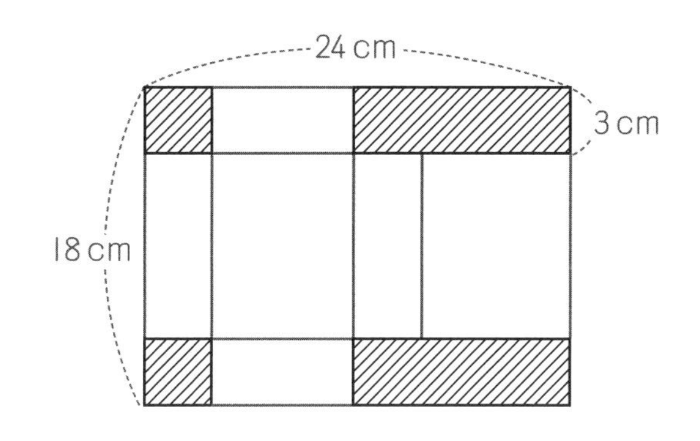

(1) この直方体の体積は何 cm^3 ですか。

答 cm^3

(2) この直方体の表面積は何 cm^2 ですか。

答 cm^2

直方体と立方体の問題だよ。1(5)や3(2)の表面積は大変だと思うけど，ちょっとの工夫次第で計算がラクになるよ。

角柱と円柱

月　日（　時　分〜　時　分）

なまえ

点 / 100点

1 次の問いに答えましょう。

▶2問×10点【計20点】

(1) 次の表の空所をうめて完成させましょう。

	面の数	頂点の数	辺の数
三角柱			
四角柱			
五角柱			
六角柱			

(2) （面の数）＋（頂点の数）－（辺の数）はいくつですか。

答

2 次の問いに答えましょう。

▶1問×20点【計20点】

右の図は円柱です。底面積は50cm^2で，高さが5cmです。この円柱の体積は何cm^3ですか。ただし，円柱の体積は底面積×高さで求めます。

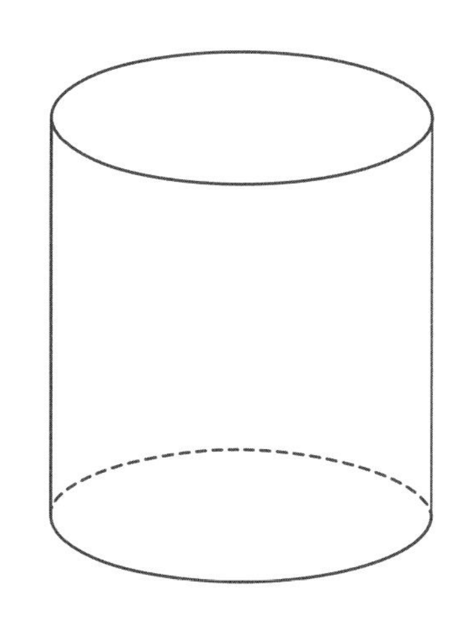

答　　　cm^3

3 次の問いに答えましょう。

▶ 2問×15点【計30点】

下の図は三角柱です。角柱の体積は，底面積×高さで求められます。

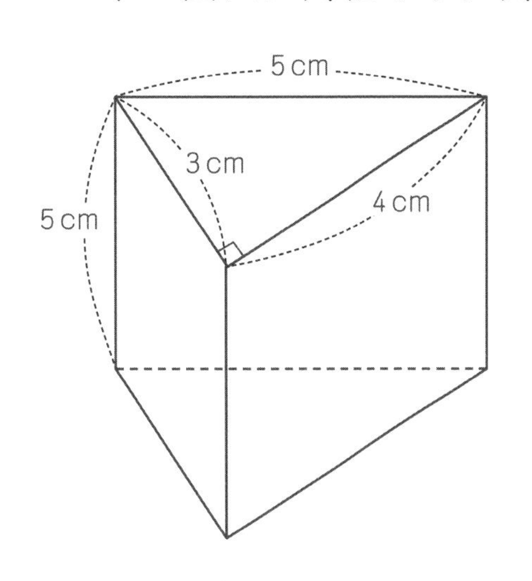

(1) 体積は何 cm^3 ですか。

答 　　　　cm^3

(2) 表面積は何 cm^2 ですか。

答 　　　　cm^2

▶▶ 一歩先を行く問題

4 次の問いに答えましょう。

▶ 2問×15点【計30点】

右の図は円柱の展開図です。円の面積は半径×半径× 3.14 で求まります。

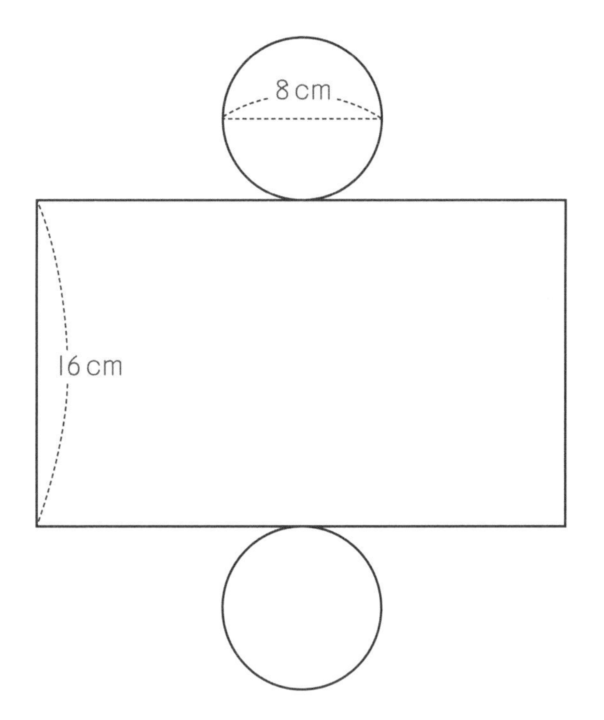

(1) 体積は何 cm^3 ですか。

答 　　　　cm^3

(2) 表面積は何 cm^2 ですか。

答 　　　　cm^2

答え☞ 114ページ

角柱と円柱の特ちょうと体積の先取り問題だよ。（面の数）＋（頂点の数）－（辺の数）の値は，どんな立体でも同じになるよ。不思議だね。

かくにんテスト
(第 36 ～ 39 回)

月　日(　時　分～　時　分)

なまえ

点 / 100点

1 次の問いに答えましょう。　▶５問×10点【計50点】

(1)　１辺が11cm の立方体の体積は何 cm^3 ですか。

答　　　　cm^3

(2)　たてが4cm，横が12cm，高さが15cm の直方体の体積は何 cm^3 ですか。

答　　　　cm^3

(3)　1.6L = ☐ cm^3　　(4)　12L = ☐ mL

(5)　下の図の立体の体積は何 cm^3 ですか。

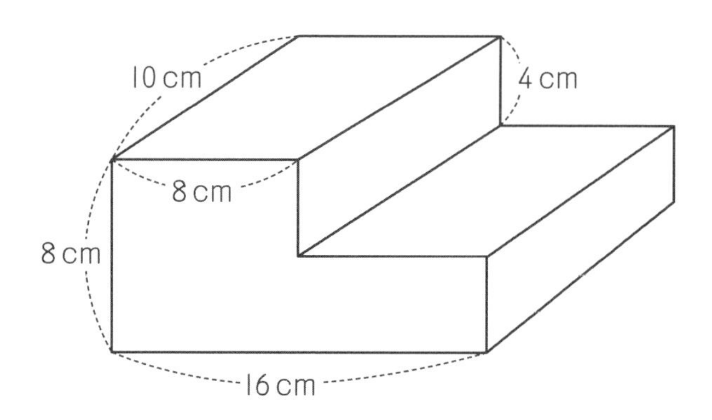

答　　　　cm^3

2 次の問いに答えましょう。　▶ 2問×10点【計20点】

右の図は三角柱です。

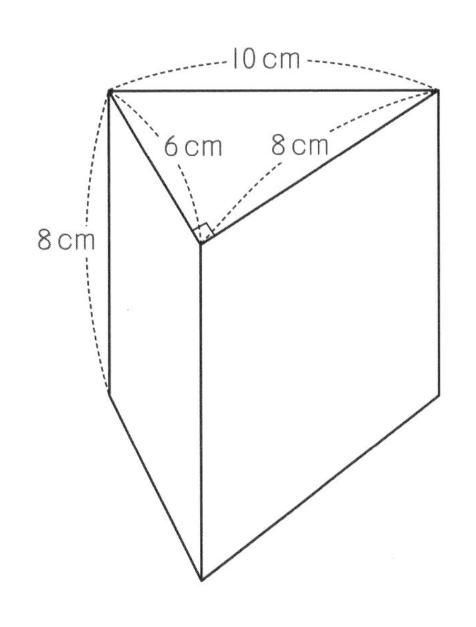

(1) 体積は何 cm^3 ですか。

答　　　　　cm^3

(2) 表面積は何 cm^2 ですか。

答　　　　　cm^2

3 次の問いに答えましょう。　▶ 2問×15点【計30点】

右の図のように，長方形からかげの部分を切り取り，直方体の展開図を作りました。

16 cm
2 cm
12 cm

(1) この直方体の体積は何 cm^3 ですか。

答　　　　　cm^3

(2) この直方体の表面積は何 cm^2 ですか。

答　　　　　cm^2

答え☞114ページ

直方体，立方体と角柱のかくにんテストだね。
角柱の体積の求め方は，「底面積×高さ」だよ。覚えておこう。

小学５年の図形と文章題

比(1)

月　日(　時　分～　時　分)

なまえ

点 / 100点

先取りポイント

２つの数量Ａ，Ｂがあるとき，ＡがＢの何倍であるかという関係を示すものを比といい，Ａ：Ｂと表します。Ａを「前項」，Ｂを「後項」といい，$A \div B (= \frac{A}{B})$ を「比の値」といいます。比の前項と後項に同じ数をかけても，比の値は変わりません。また，比の前項と後項を同じ数でわっても，比の値は変わりません。

(例)　２：３＝４：６＝６：９（比の値は $\frac{2}{3}$）

８：６＝４：３←比の数を最も小さい数にすることを「比を簡単にする」といいます。

1 次の比を簡単にしましょう。

▶８問×６点【計48点】

(1)　30：20

答

(2)　10：15

答

(3)　6：8

答

(4)　12：15

答

(5)　32：16

答

(6)　24：36

答

(7)　0.2：0.3

答

(8)　1.2：0.8

答

2 □にあてはまる数を求めましょう。

▶ 4問×7点【計28点】

(1) 12：8＝3：□

(2) 18：24＝□：4

(3) 6：4＝18：□

(4) 15：5＝□：10

▶▶一歩先を行く問題

3 次の問いに答えましょう。

▶ 3問×8点【計24点】

次の比を簡単にしましょう。

(1) $\frac{1}{3}$：2

答 ＿＿＿＿＿＿

(2) $\frac{8}{9}$：$\frac{2}{3}$

答 ＿＿＿＿＿＿

(3) 1.5：$1\frac{2}{3}$

答 ＿＿＿＿＿＿

答え☞114ページ

6年生で習う「比」の先取り学習だね。具体的な数ではなくて，頭の中のイメージで考えるような内容だから，算数ではむずかしい単元の1つなんだよ。

比 (2)

月　日（　時　分～　時　分）

なまえ

点 / 100点

1 次の問いに答えましょう。

▶ 6問×6点【計36点】

次の比を簡単にしましょう。

(1) 30：20：15

答 ＿＿＿＿

(2) 10：8：6

答 ＿＿＿＿

(3) 12：8：4

答 ＿＿＿＿

(4) 18：15：21

答 ＿＿＿＿

(5) 28：21：14

答 ＿＿＿＿

(6) 24：18：12

答 ＿＿＿＿

2 次の問いに答えましょう。

▶ 4問×6点【計24点】

次の比の値を求めましょう。

(1) 20：15

答 ＿＿＿＿

(2) 8：10

答 ＿＿＿＿

(3) 12：15

答 ＿＿＿＿

(4) 12：24

答 ＿＿＿＿

3 次の問いに答えましょう。

▶ 4問×6点【計24点】

次の比を簡単にしましょう。

(1) 1m：80cm

答 ______

(2) 1.2kg：800g

答 ______

(3) 2a：120m^2

答 ______

(4) 3km：150m

答 ______

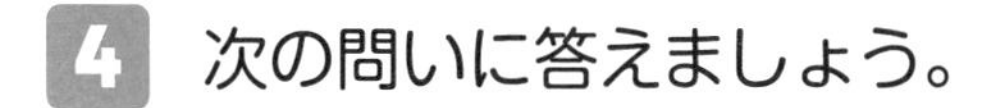

4 次の問いに答えましょう。

▶ 2問×8点【計16点】

A：B：C を求めましょう。

(1) A：B ＝ 2：3

B：C ＝ 2：4

答 ______

(2) A：B ＝ 7：6

B：C ＝ 4：3

答 ______

答え☞ 114ページ

まとめ

比の先取りの問題だよ。A：B：C のような3つ以上の比を「連比（れんぴ）」というよ。これから使うことがあるから，練習しておこう。

比 (3)

月　日（　時　分～　時　分）
なまえ
点
100点

1 次の問いに答えましょう。

▶5問×10点【計50点】

(1) あるクラスの人数は，男子が18人，女子が16人です。男子と女子の人数の比を簡単な整数の比で表しましょう。

答

(2) あるクラスの人数は，男子が18人，女子が16人です。男子とクラス全体の人数の比を簡単な整数の比で表しましょう。

答

(3) 兄が1500円，弟が1200円持っています。兄と弟の持っている金額の比を簡単な整数の比で表しましょう。

答

(4) 姉が35個，妹が28個のおはじきを持っています。姉と妹の持っているおはじきの数の比を簡単な整数の比で表しましょう。

答

(5) 兄が128個，弟が96個のビー玉を持っています。兄と弟の持っているビー玉の数の比を簡単な整数の比で表しましょう。

答

2 次の問いに答えましょう。

▶ 2問×10点【計20点】

(1) あるクラスの男子，女子の人数の比は4：3です。男子が20人とすると，女子は何人ですか。

答 ＿＿＿＿＿人

(2) あるクラスの男子，女子の人数の比は5：6です。女子が18人とすると，クラス全体の人数は何人ですか。

答 ＿＿＿＿＿人

▶▶ 一歩先を行く問題

3 次の問いに答えましょう。

▶ 2問×15点【計30点】

兄が1200円，弟が800円持っています。

(1) 兄が弟に何円あげると持っている金額の比が1：1になりますか。

答 ＿＿＿＿＿円

(2) 兄が弟に何円あげると持っている金額の比が1：3になりますか。

答 ＿＿＿＿＿円

答え☞115ページ

比の先取りの問題だよ。
今回は文章題だけど，条件を整理して図などをかいて解いてもいいよ。

比(4)

月　日(　時　分～　時　分)
なまえ
点 / 100点

1 次の問いに答えましょう。

▶5問×10点【計50点】

(1) 1500円を，兄と弟で3：2の割合で分けます。兄の分は何円になりますか。

答　　　　円

(2) 2400円を，姉と妹で5：3の割合で分けます。妹の分は何円になりますか。

答　　　　円

(3) おはじきが100個あります。このおはじきを姉と妹で7：3の割合で分けます。姉の分は何個になりますか。

答　　　　個

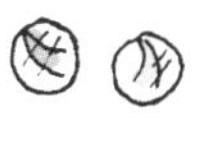

(4) ビー玉が120個あります。このビー玉を太郎，次郎，三郎の3人で3：2：1の割合で分けます。次郎の分は何個になりますか。

答　　　　個

(5) 3600円を，太郎，次郎，三郎の3人で5：4：3の割合で分けます。太郎の分は何円になりますか。

答　　　　円

2 次の問いに答えましょう。

▶ 2問×10点【計20点】

4800円を，A，B，Cの3人で分けます。AとBは5：4，BとCは2：3になるようにします。

(1) A：B：Cの金額の比を簡単な整数で表しましょう。

答 ＿＿＿＿＿＿＿＿

(2) Aは何円もらえますか。

答 ＿＿＿＿＿＿＿＿ 円

▶▶ 一歩先を行く問題

3 次の問いに答えましょう。

▶ 2問×15点【計30点】

兄と弟の持っている金額の比は9：7です。2人で500円ずつ出し合ってプレゼントを買ったところ，2人の持っている金額の比は5：3になりました。

(1) 兄がはじめに持っていた金額は何円ですか。

答 ＿＿＿＿＿＿＿＿ 円

(2) 弟の残った金額は何円ですか。

答 ＿＿＿＿＿＿＿＿ 円

答え☞115ページ

まとめ

比の先取りの問題だよ。
比は文章題だけでなく，図形問題にも多く使われるよ。練習しておこうね。

小学５年の図形と文章題

かくにんテスト（第41～44回）

月　日（　時　分～　時　分）

なまえ

点／100点

1 次の問いに答えましょう。

▶ 6問×6点【計36点】

次の比を簡単にしましょう。

(1) 30：20：15

答

(2) 10：8：6

答

(3) 12：8：4

答

(4) 18：15：21

答

(5) 28：21：14

答

(6) 24：18：12

答

2 空所にあてはまる数を求めましょう。

▶ 4問×5点【計20点】

(1) 15：6＝5：□

(2) 18：20＝□：10

(3) 3：4＝18：□

(4) 12：5＝□：15

3 次の問いに答えましょう。

▶2問×10点【計20点】

(1) 兄は96個，弟は72個のビー玉を持っています。兄と弟の持っているビー玉の数の比を簡単な整数の比で表しましょう。

答 ______

(2) あるクラスの男子と女子の人数の比は5：6です。男子が20人とすると，女子は何人ですか。

答 ______ 人

4 次の問いに答えましょう。

▶3問×8点【計24点】

(1) おはじきが144個あります。このおはじきを姉と妹で7：5の割合で分けます。姉の分は何個になりますか。

答 ______ 個

(2) ビー玉が180個あります。このビー玉を太郎，次郎，三郎の3人で5：4：3の割合で分けます。次郎の分は何個になりますか。

答 ______ 個

(3) 7140円を，A，B，Cの3人で分けます。AとBは7：4，BとCは2：5になるようにします。Aは何円もらえますか。

答 ______ 円

答え☞115ページ

比の先取りの問題だね。比はいろんな問題に使われるよ。
中学生や高校生になっても役立つから，使いこなせるようになろう。

5年生のまとめ(1)

月　日(　時　分～　時　分)

なまえ

点 / 100点

1 次の問いに答えましょう。

▶4問×5点【計20点】

(1) $28.6 \times 3.2 =$ □

(2) $30.7 \times 0.6 =$ □

(3) $81.6 \div 4.8 =$ □

(4) $6.96 \div 1.2 =$ □

2 次の問いに答えましょう。

▶4問×8点【計32点】

(1) 1mの重さが0.8kgのぼうがあります。このぼう1.6mの重さは何kgですか。

答　　kg

(2) 1本の長さが3.2cmのテープがあります。このテープ2.72mは何本分ですか。

答　　本

(3) 15.5kmの道のりを2.5時間で歩きました。1時間で何km歩きましたか。

答　　km

(4) 256.7cmのテープから14.3cmずつ切り取っていくと，14.3cmのテープは何本取れますか。また，何cmあまりますか。

答　　本，あまり　　cm

3 次の問いに答えましょう。

▶ 3問×10点【計30点】

(1) 18と15の最小公倍数はいくつですか。

答 ＿＿＿＿＿＿

(2) 24と20の最大公約数はいくつですか。

答 ＿＿＿＿＿＿

(3) 12と24と32の最大公約数と最小公倍数はいくつですか。

答 最大公約数：　　　　最小公倍数：

▶▶ 一歩先を行く問題

4 次の問いに答えましょう。

▶ 2問×9点【計18点】

(1) 56個のあめと63個のチョコレートを同じ個数ずつできるだけ多くの子どもに配ろうと思います。何人の子どもに配れますか。

答 　　　　人

(2) 1から100までの整数のうち，8でも12でもわり切れる数は何個ありますか。

答 　　　　個

答え☞115ページ

小数と公倍数，公約数の復習だよ。
小数÷小数の問題では，あまりの小数点の位置に注意しよう。

5年生のまとめ (2)

月　日（　時　分～　時　分）
なまえ

点
100点

1 次の問いに答えましょう。　▶5問×10点【計50点】

(1) $3\frac{1}{5}$ m のテープと $\frac{3}{4}$ m のテープがあります。合わせて何 m ありますか。

答　　　　m

(2) 重さ $1\frac{5}{8}$ kg のみかんを箱に入れたところ，重さは全部で $3\frac{7}{12}$ kg になりました。箱の重さは何 kg ありますか。

答　　　　kg

(3) A，B，C，D 4人の体重の平均が 38.4kg で，A が 39.3kg，B が 40.7kg，C が 36.8kg のとき，D の体重は何 kg ですか。

答　　　　kg

(4) A，B2人の体重の平均が 39.6kg で，C の体重が 39.3kg のとき，3人の体重の平均は何 kg ですか。

答　　　　kg

(5) A，B，C 3人の身長の平均が 137.9cm で，D の身長が 136.3cm のとき，4人の身長の平均は何 cm ですか。

答　　　　cm

2 次の問いに答えましょう。

▶2問×10点【計20点】

(1) 定価が1800円の品物を1440円で売っています。売値は定価の何％ですか。

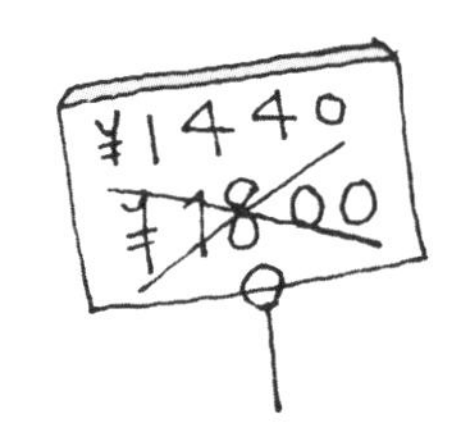

答 ％

(2) ある本を30％読んだところ，42ページ残りました。この本は何ページありましたか。

答 ページ

▶▶一歩先を行く問題

3 次の問いに答えましょう。

▶3問×10点【計30点】

(1) 時速72kmで1時間20分進んだときの道のりは，何kmですか。

答 km

(2) 36kmの道のりを，時速40kmの自動車で行くと，かかる時間は何時間ですか。

答 時間

(3) 家から学校まで分速80mで行くと20分かかります。この道を16分で行くには分速何mで行けばよいですか。

答 分速 m

答え☞116ページ

分数，平均，速さの復習だよ。
異分母どうしのたし算，ひき算は重要だから，使いこなせるようになろうね。

5年生のまとめ (3)

月　日（　時　分～　時　分）

なまえ

点 / 100点

1 次の問いに答えましょう。

▶6問×10点【計60点】

(1) 右の図の角アの大きさは何度ですか。

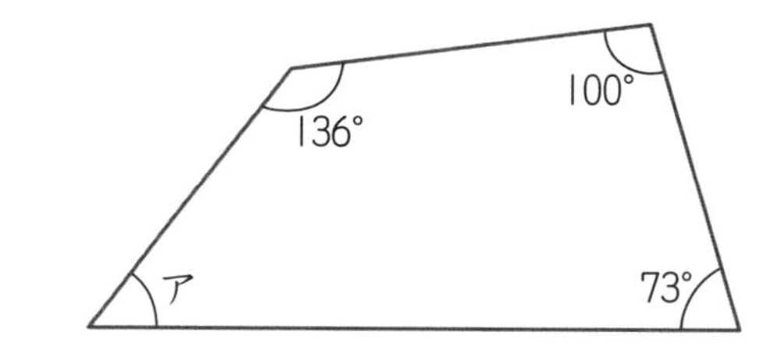

答　　　　度

(2) 六角形の内角の和は何度ですか。

答　　　　度

(3) 直径7cmの円の円周は何cmですか。

答　　　　cm

(4) 直径12cmの半円の弧の長さは何cmですか。

答　　　　cm

(5) 円周の長さが21.98cmの円の半径は何cmですか。

答　　　　cm

(6) 半円の弧の長さが14.13cmの半円の半径は何cmですか。

答　　　　cm

2 次の問いに答えましょう。 ▶ 3問×8点【計24点】

(1) 底辺が7cmで，高さが4cmの平行四辺形の面積は何cm^2ですか。

答 cm^2

(2) 上底が3cm，下底が5cmで，高さが7cmの台形の面積は何cm^2ですか。

答 cm^2

(3) 底辺が11cmで，高さが8cmの三角形の面積は何cm^2ですか。

答 cm^2

3 次の問いに答えましょう。 ▶ 2問×8点【計16点】

下の図は，立方体から立方体を取り除いた立体です。

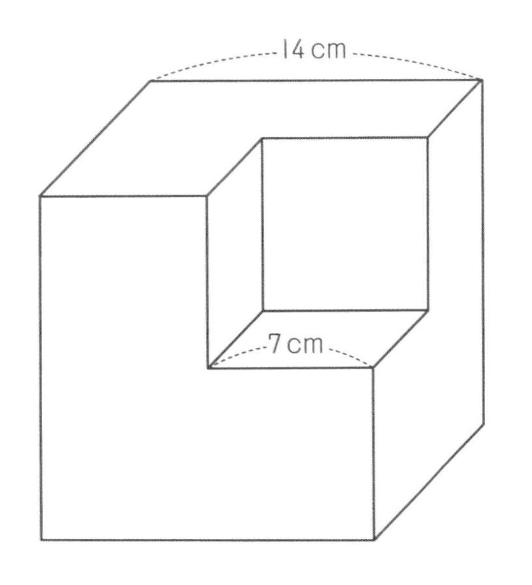

(1) この立体の体積は何cm^3ですか。

答 cm^3

(2) この立体の表面積は何cm^2ですか。

答 cm^2

答え☞116ページ

図形の復習問題だよ。面積など公式をチェックしよう。
公式は覚えるだけでなく，導(みちび)き方も理解しておいてね。

チャレンジ (1)

月　日（　時　分～　時　分）

なまえ

点 / 100点

1 次の問いに答えましょう。

▶ 2問×10点【計20点】

(1) 9でわると3あまり，11でわると7あまる整数があります。このうち，2020に最も近い整数は何ですか。

（かえつ有明中）

答

(2) 41をわっても，56をわっても11あまる整数のうちで最も大きい数は何ですか。

（城西川越中）

答

2 次の問いに答えましょう。

▶ 1問×20点【計20点】

132の約数をすべて加えるといくつになりますか。

（慶應義塾中）

答

3 次の問いに答えましょう。

▶1問×20点【計20点】

分母と分子の差が84で，約分すると$\frac{13}{25}$になりました。約分する前の分数を答えなさい。

(明治大学付属中野八王子中)

答

4 次の問いに答えましょう。

▶1問×20点【計20点】

定価1800円の品物を3割引きで売るといくらになりますか。

(跡見学園中)

答　　　　円

5 次の問いに答えましょう。

▶1問×20点【計20点】

図のように，面積が18cm^{2}の平行四辺形ABCDがあります。図の斜線(しゃせん)部分の面積の合計は6cm^{2}です。直線ACと直線BFの交点を点Eとするとき，三角形ABEの面積は何cm^{2}ですか。

(春日部共栄中)

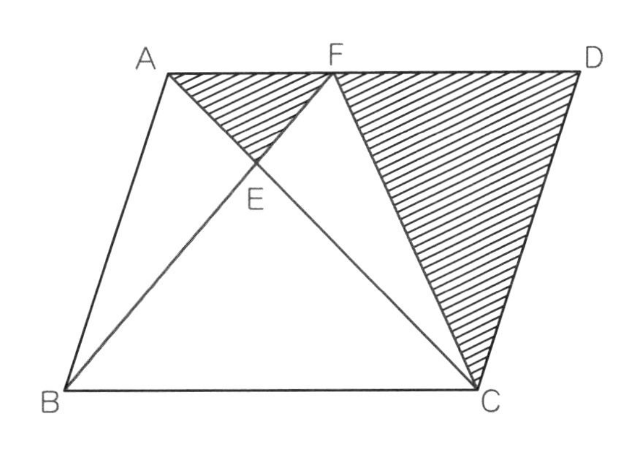

答　　　　cm^2

答え☞116ページ

チャレンジ問題だね。すべて中学入試問題だよ。
どれも今までの知識(ちしき)で解けるから，がんばってみて！

チャレンジ (2)

月　日（　時　分～　時　分）

なまえ

点 / 100点

1 次の問いに答えましょう。

▶1問×10点【計10点】

右の図の斜線部分の面積は$72cm^2$です。アの長さを求めなさい。

（清泉女学院中）

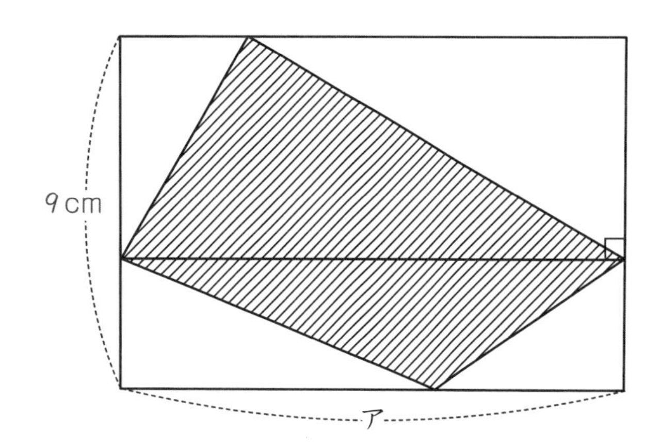

答　　cm

2 次の問いに答えましょう。

▶1問×10点【計10点】

秒速5mで走る自動車が0.5時間走ると何km進みますか。

（桐蔭学園中）

答　　km

3 次の問いに答えましょう。

▶1問×20点【計20点】

東君は算数のテストを4回受け，その平均点は83点でした。そのうちの4回のテストをのぞいた3回目までの平均点が85点だったとき，4回目のテストは何点ですか。

（栄東中）

答　　点

4 次の問いに答えましょう。

▶1問×20点【計20点】

たて12cm，横14cm，高さ21cmの直方体を同じ向きにすき間なくならべてできる立方体のうち，最も小さい立方体の1辺の長さは何cmですか。

（東洋英和女学院中）

答 cm

5 次の問いに答えましょう。

▶1問×20点【計20点】

男子22人，女子18人のクラスで算数のテストをしました。男子の平均点が54点，クラスの平均点が58.5点でした。女子の平均点は何点ですか。

（実践女子学園中）

答 点

6 次の問いに答えましょう。

▶1問×20点【計20点】

ある商品は消費税（しょうひぜい）が8%のとき，税込（こ）みで1620円でした。消費税が10%になったので，現在（げんざい）は，税込みで何円で売られていますか。

（十文字中）

答 円

答え☞116ページ

おつかれさま！ これで『小学5年の図形と文章題』はカンペキだね！
6年生になったら，またこの『リーダードリル』で会おうね！

MEMO

MEMO

答え

本書の問題の答えです。まちがえた問題は，正しい答えが出るまでしっかり復習しましょう。

【保護者様へ】学習指導のヒント・解説・注意点など

四谷大塚からの↓アドバイス

第1回 4年生の復習（1）

●問題 3 ページ

1 (1) 16まい　(2) 14本　(3) 41本
(4) 34個　(5) 9個

2 (1) 9人　(2) 16

3 (1) 25まい，あまり10まい
(2) 5個，あまり15個

▶わり算に関する復習です。すばやく商が立てられるようにしておいてください。

1 (1) 96 ÷ 6 = 16まい　(2) 70 ÷ 5 = 14本
(3) 246 ÷ 6 = 41本　(4) 238 ÷ 7 = 34個
(5) 108 ÷ 12 = 9個

2 (1) (164 − 11) ÷ 17 = 9人
(2) 22 × 8 ÷ 11 = 16

3 (1) 410 ÷ 16 = 25まい…10まい
(2) 15 × 7 ÷ 18 = 5個…15個

第2回 4年生の復習（2）

●問題 5 ページ

1 (1) 6.13m　(2) 350.4cm　(3) 15.36kg
(4) 6本，あまり4.4cm　(5) 6.2kg

2 (1) $5\frac{1}{7}$m　(2) $3\frac{6}{9}$kg（約分すると→$3\frac{2}{3}$kg）

3 (1) 27　(2) 3倍　(3) 28.1cm

▶小数，分数，割合の復習です。小数のわり算は割合の問題で重要になります。しっかりできるようにしておいてください。

1 (1) 3.18 + 2.95 = 6.13m　(2) 14.6 × 24 = 350.4cm
(3) 1.28 × 12 = 15.36kg
(4) 76.4 ÷ 12 = 6本…4.4cm　(5) 217 ÷ 35 = 6.2kg

2 (1) $3\frac{2}{7} + 1\frac{6}{7} = 5\frac{1}{7}$m　(2) $4\frac{1}{9} - \frac{4}{9} = 3\frac{6}{9}$kg

3 (1) 18 × 1.5 = 27
(2) 270 ÷ 90 = 3倍　(3) 84.3 ÷ 3 = 28.1cm

第3回 4年生の復習（3）

●問題 7 ページ

1 (1) 285度　(2) 75度　(3) 110度　(4) 57度

2 (1) 123度　(2) 44度

3 ア：78度　イ：21度

▶対頂角は常に等しく，同位角や錯角は2直線が平行なときに限り角度が等しくなります。三角形の外角は，隣り合わない2つの内角の和に等しい性質も利用しましょう。

1 (1) 360−75 = 285度　(2) 140 − 65 = 75度
(3) 180 − 70 = 110度　(4) 180 − 75 − 48 = 57度

2 (1) 58+65 = 123度　(2) (180−92) ÷2 = 44度

3 ア 角Aの錯角なので78度
イ 78 + 46 = 124，180 − 124 = 56，56 − 35 = 21度

第4回 4年生の復習（4）

●問題 9 ページ

1 (1) 12cm　(2) 18cm　(3) 24cm^2
(4) ア：71度　イ：35度
(5) ア：84度　イ：48度

2 (1) 84cm　(2) 216cm^2

3 (1) 5cm　(2) 60cm

▶図形の問題の復習です。平行四辺形，ひし形などの定義や条件を改めて復習しておさましょう。三角形の内角の和は180度です。

1 (1) 3 × 4 = 12cm　(2) (4 + 5) × 2 = 18cm
(3) 4 × 6 = 24cm^2
(4) イ 180 − 71 − 74 = 35度　※下の辺を右に延長。
(5) イ 42 + 42 = 84，(180 − 84) ÷ 2 = 48度

2 (1) (5 + 7 + 9) × 4 = 84cm
(2) 6 × 6 × 6 = 216cm^2

3 (1) 12 − 7 = 5cm
(2) 8 − 5 = 3cm，(7 + 5 + 3) × 4 = 60cm

第5回 かくにんテスト（第1～4回）↓

●問題 11 ページ

1 (1) 41 個　(2) 12 個　(3) 12.6kg
(4) 8 本，あまり 4.4cm　(5) 6m

2 (1) 104 度　(2) 123 度

3 (1) $88cm^2$　(2) 72cm　(3) $294cm^2$

▶4年生のかくにんテストです。くり上がり，くり下がりなどの計算は大切なので，復習しておいてください。

1 (1) 328 ÷ 8 = 41 個　(2) 156 ÷ 13 = 12 個
(3) 1.05 × 12 = 12.6kg
(4) 124.4 ÷ 15 = 8 本…4.4cm
(5) $3\frac{4}{9} + 2\frac{5}{9} = 6m$

2 (1) 180 − 76 = 104 度　(2) 48 + 75 = 123 度

3 (1) $8 \times 11 = 88cm^2$　(2) (3+7+8) ×4 = 72cm
(3) $7 \times 7 \times 6 = 294cm^2$

第6回 小数のかけ算 (1) ↓

●問題 13 ページ

1 (1) 41.65　(2) 40.82

2 (1) 2.55kg　(2) 2.25kg　(3) 7g

3 (1) 43.75km　(2) 18.56m

4 (1) 29m　(2) 5.8m

▶小数のかけ算の問題です。小数どうしのかけ算では答えの小数点の位置に注意してください。

2 (1) 1.5 × 1.7 = 2.55kg
(2) 1.25 × 1.8 = 2.25kg
(3) 2.5 × 2.8 = 7g

3 (1) 12.5×3.5 = 43.75km
(2) 11.6 × 1.6 = 18.56m

4 (1) 11.6 × 2.5 = 29m
(2) 29 − 29 × 0.8 = 5.8m

第7回 小数のかけ算 (2) ↓

●問題 15 ページ

1 (1) 7.695　(2) 16.64

2 (1) $3.24cm^2$　(2) $27.3cm^2$　(3) $55.04cm^2$

3 (1) $145.06cm^2$
(2) $75.2cm^2$

4.6cm
16.4cm

4 (1) $1.69cm^2$　(2) 1cm
(3) 1.2cm

▶小数のかけ算の問題です。**4**(3) は 12 × 12 = 144 を使います。11 × 11 = 121，13 × 13 = 169，20 × 20 = 400 のように同じ数どうしの積は覚えておいてください。

2 (1) $1.8 \times 1.8 = 3.24cm^2$　(2) $4.2 \times 6.5 = 27.3cm^2$
(3) $6.4 \times (15 - 6.4) = 55.04cm^2$

3 (1) 左図のように考えると，大きい正方形と小さい正方形の1辺の長さの和は 16.4cm，差は 4.6cm なので，
(16.4−4.6)÷2 = 5.9 …小さい正方形の1辺の長さ
5.9 + 4.6 = 10.5 …大きい正方形の1辺の長さ
$5.9 \times 5.9 + 10.5 \times 10.5 = 145.06cm^2$
(2) $9.6 \times 14.5 - 8 \times 8 = 75.2cm^2$

4 (1) 5.2 ÷ 4 = 1.3，$1.3 \times 1.3 = 1.69cm^2$
(2) 1 × 1 = 1 (cm^2)　(3) 1.2 × 1.2 = 1.44 (cm^2)

第8回 小数のわり算 (1) ↓

●問題 17 ページ

1 (1) 17　(2) 5.8

2 (1) 0.8kg　(2) 5km　(3) 7.5L

3 (1) 2.4m　(2) 6m

4 (1) 99.4　(2) 39.76

▶小数のわり算の問題です。小数÷小数の計算は小数点の位置に注意してください。

2 (1) 2.8 ÷ 3.5 = 0.8kg　(2) 12.5 ÷ 2.5 = 5km
(3) 93 ÷ 12.4 = 7.5L

3 (1) 1530 ÷ 1.8 = 850 (円)
2040 ÷ 850 = 2.4m
(2) 2.4 × 6.5 ÷ 2.6 = 6m

4 (1) 248.5 ÷ 2.5 = 99.4
(2) 99.4 ÷ 2.5 = 39.76

第9回 小数のわり算 (2)

●問題 19 ページ

1 (1) 2.6・・・0.18 (2) 3.8・・・0.14

2 (1) 11 本, あまり 7.2cm (2) 12 個, あまり 0.2kg

(3) 24 ふくろ, あまり 0.5kg

3 (1) 22.5 (2) 4.4 (3) 1.5

4 (1) 26 本 (2) 0.6L

▶あまりのある小数のわり算の問題です。商とあまりの小数点を打つところに気をつけてください。

2 (1) 156.8 ÷ 13.6 ＝ 11 本…7.2cm
(2) 31.4 ÷ 2.6 ＝ 12 個…0.2kg
(3) 22.1 ÷ 0.9 ＝ 24 ふくろ…0.5kg

3 (1) (18.2 − 0.2) ÷ 0.8 ＝ 22.5
(2) 1.2 × 3 ＋ 0.8 ＝ 4.4
(3) (3.2 − 0.05) ÷ 2.1 ＝ 1.5

4 (1) 43.6 ÷ 1.7 ＝ 25 本…1.1 L
25 本では入りきらないので，25 ＋ 1 ＝ 26 本
(2) 1.7 − 1.1 ＝ 0.6 L

第10回 かくにんテスト（第6～9回）

●問題 21 ページ

1 (1) 3.08kg (2) 2.8kg (3) 104.06km

(4) 0.8kg (5) 4.8km

2 (1) 11 本, あまり 4.8cm (2) 14 個, あまり 0.7kg

3 (1) 68 (2) 9.2 (3) 4.92

▶小数のかけ算，わり算の確認です。小数÷小数のあまりのある計算は6年生になってもできない人がいるのでしっかりできるようにしましょう。

1 (1) 1.4 × 2.2 ＝ 3.08kg (2) 3.5 × 0.8 ＝ 2.8kg
(3) 12.1 × 8.6 ＝ 104.06km
(4) 3.36 ÷ 4.2 ＝ 0.8kg (5) 16.8 ÷ 3.5 ＝ 4.8km

2 (1) 211.6 ÷ 18.8 ＝ 11 本…4.8cm
(2) 27.3 ÷ 1.9 ＝ 14 個…0.7kg

3 (1) (61.8 − 0.6) ÷ 0.9 ＝ 68
(2) 2.2 × 4 ＋ 0.4 ＝ 9.2 (3) (12.6−0.3) ÷2.5 ＝ 4.92

第11回 倍数と約数 (1)

●問題 23 ページ

1 (1) 偶数:4, 6, 216, 612 奇数:1, 17, 441

(2) 奇数 (3) 偶数 (4) 偶数

(5) 6, 12, 18 (6) 11, 22, 33

2 (1) 7 個 (2) 6 個 (3) 8 個

3 (1) 24, 48, 72 (2) 48, 96, 144

▶倍数の問題です。偶数は2でわり切れる整数，奇数は2でわり切れない整数のことです。しっかり理解しましょう。

1 (5) 6 × 1 ＝ 6，6 × 2 ＝ 12，6 × 3 ＝ 18
(6) 11 × 1 ＝ 11，11 × 2 ＝ 22，11 × 3 ＝ 33

2 (1) 30 ÷ 4 ＝ 7・・・2 7 個
(2) 50 ÷ 8 ＝ 6・・・2 6 個
(3) 100 ÷ 12 ＝ 8・・・4 8 個

3 (1) 24，24 × 2 ＝ 48，24 × 3 ＝ 72
(2) 48，48 × 2 ＝ 96，48 × 3 ＝ 144

第12回 倍数と約数 (2)

●問題 25 ページ

1 (1) 33 個 (2) 16 個 (3) 6 個

(4) 12, 24, 36 (5) 24, 48, 72

(6) 36, 72, 108

2 (1) 36 (2) 45 (3) 54

3 (1) 24 (2) 105

▶最小公倍数の求め方は連除法を使います。最小公倍数は，一番左と一番下の数をすべてかけ合わせ求めます。

1 (1) 100 ÷ 3 ＝ 33・・・1 33 個 (2) 100 ÷ 6 ＝ 16・・・4 16 個
(3) 100 ÷ 15 ＝ 6・・・10 6 個 (4) 12，12 × 2 ＝ 24，12 × 3 ＝ 36
(5) 24，24 × 2 ＝ 48，24 × 3 ＝ 72
(6) 36，36 × 2 ＝ 72，36 × 3 ＝ 108

2 (1) 4 × 9 ＝ 36
(2) 3 × 3 × 5 ＝ 45

```
3) 9  15
   3   5
```

(3) 3 × 3 × 2 × 3 ＝ 54

```
3) 18  27
3)  6   9
    2   3
```

3 (1) 2 × 2 × 3 × 2 ＝ 24

```
2) 6  8  12
2) 3  4   6
3) 3  2   3
   1  2   1
```

(2) 5 × 7 × 3 ＝ 105

```
5) 7  15  35
7) 7   3   7
   1   3   1
```

第13回 倍数と約数 (3)

●問題 27 ページ

1 (1) 1, 3　(2) 1, 2, 4　(3) 1, 2, 3, 6

(4) 1, 2, 3, 4, 6, 12　(5) 1, 2, 4

(6) 1, 2, 3, 4, 6, 12

2 (1) 4　(2) 9　(3) 8

3 (1) 4　(2) 12

▶最大公約数を求める場合にも連除法を使いますが，最小公倍数と違い，左側の数だけをかけて求めます

2 (1) $2 \times 2 = 4$　(2) $3 \times 3 = 9$　(3) $2 \times 2 \times 2 = 8$

(1)
```
2) 12 20
2)  6 10
    3  5
```
(2)
```
3) 18 27
3)  6  9
    2  3
```
(3)
```
2) 24 56
2) 12 28
2)  6 14
    3  7
```

3 (1) $2 \times 2 = 4$　(2) $2 \times 2 \times 3 = 12$

(1)
```
2) 12 20 24
2)  6 10 12
    3  5  6
```
(2)
```
2) 24 36 48
2) 12 18 24
3)  6  9 12
    2  3  4
```

第14回 倍数と約数 (4)

●問題 29 ページ

1 (1) 4 個　(2) 5 個　(3) 9 個　(4) 4 個

(5) 4 個　(6) 4 個

2 (1) 24 人　(2) 4 個

3 (1) 7, 19　(2) 23, 29

▶倍数, 約数の問題です。新しいことば「素数」が出てきました。教科書ではあまり出てこないものですが，覚えておきましょう。

1 (1) 1, 3, 5, 15　4 個　(2) 1, 2, 4, 8, 16　5 個

(3) 1, 2, 3, 4, 6, 9, 12, 18, 36　9 個

(4) 1, 2, 3, 6　4 個

(5) 1, 3, 9, 27　4 個

(6) 1, 2, 3, 6　4 個

2 (1) 48 と 72 の最大公約数は 24 なので，24 人

(2) 6 と 8 の最小公倍数は 24 なので，

$100 \div 24 = 4 \cdots 4$　4 個

第15回 かくにんテスト（第 11 ～ 14 回）

●問題 31 ページ

1 (1) 6 個　(2) 8 個　(3) 12, 24, 36

(4) 60, 120, 180　(5) 1, 3, 9

(6) 1, 3, 5, 15

2 (1) 72　(2) 5　(3) 8 個

3 (1) 21 人　(2) 8 個

▶倍数と約数のかくにんテストです。公倍数，公約数，素数など，数学の基礎となるものです。まとめておいてください。

1 (1) $20 \div 3 = 6 \cdots 2$　6 個

(2) $50 \div 6 = 8 \cdots 2$　8 個

(3) 12, $12 \times 2 = 24$, $12 \times 3 = 36$

(4) 60, $60 \times 2 = 120$, $60 \times 3 = 180$

2 (1) $2 \times 3 \times 3 \times 4 = 72$　(2) 5

(3) 1, 2, 3, 6, 9, 18, 27, 54　8 個

3 (1) 42 と 63 の最大公約数は 21 なので，21 人

(2) $100 \div 12 = 8 \cdots 4$　8 個

第16回 分数 (1)

●問題 33 ページ

1 (1) 0.25　(2) 0.375

2 (1) $\frac{1}{5}$　(2) $\frac{7}{18}$

3 (1) $(\frac{6}{12}, \frac{9}{12}, \frac{10}{12})$　(2) $(\frac{36}{60}, \frac{25}{60}, \frac{21}{60})$

4 (1) $\frac{3}{4}$　(2) $\frac{5}{8}$

5 (1) $1\frac{19}{24}$kg　(2) $3\frac{13}{20}$m　(3) $4\frac{1}{18}$kg

6 7 個

▶分数の問題です。5 年生では，分母の異なるたし算，ひき算を学習します。倍数や約数の知識を使います。分母が異なる場合は，通分をして解きましょう。

1 (1) $1 \div 4 = 0.25$　(2) $3 \div 8 = 0.375$

4 (1) $\frac{75}{100} = \frac{3}{4}$　(2) $\frac{625}{1000} = \frac{5}{8}$

5 (1) $1\frac{3}{8} + \frac{5}{12} = 1\frac{19}{24}$kg　(2) $3\frac{2}{5} + \frac{1}{4} = 3\frac{13}{20}$m

(3) $\frac{2}{9} + 3\frac{5}{6} = 4\frac{1}{18}$kg

6 $\frac{5}{9}$ と $\frac{5}{6}$ の分母を 72 に通分して，$\frac{40}{72}$ から $\frac{60}{72}$ の範囲で約分できない分数を探しましょう。

$\frac{41}{72}$, $\frac{43}{72}$, $\frac{47}{72}$, $\frac{49}{72}$, $\frac{53}{72}$, $\frac{55}{72}$, $\frac{59}{72}$　7 個

第17回 分数 (2)

●問題 35 ページ

1 (1) $2\frac{1}{24}$kg (2) $3\frac{11}{45}$kg (3) $3\frac{17}{24}$m (4) $6\frac{4}{21}$kg

2 (1) $4\frac{16}{105}$m (2) $\frac{55}{66}$

3 (1) $2\frac{49}{72}$ (2) $\frac{5}{6}$

▶分数の問題です。分母の異なるたし算，ひき算は計算の基本です。着実にできるようにしてください。

1 (1) $3\frac{5}{12}-1\frac{3}{8}=2\frac{1}{24}$kg (2) $3\frac{7}{15}-\frac{2}{9}=3\frac{11}{45}$kg
(3) $4\frac{5}{6}-1\frac{1}{8}=3\frac{17}{24}$m (4) $12-2\frac{4}{7}-3\frac{5}{21}=6\frac{4}{21}$kg

2 (1) $2\frac{4}{15}+2\frac{4}{15}-\frac{8}{21}=4\frac{16}{105}$m
(2) 5 ×ある数 +6 ×ある数= 121 で求められます。
$121\div(5+6)=11$ $\frac{5\times11}{6\times11}=\frac{55}{66}$

第18回 平均 (1)

●問題 37 ページ

1 (1) 33 人 (2) 53.4g (3) 19L (4) 50 分

2 (1) 63cm (2) 375 ページ

3 (1) 8dL (2) A から 3dL，B から 1dL

▶平均の問題です。「平均＝合計÷その個数」で求めることができます。覚えておいてください。

1 (1) (35+28+37+32) ÷ 4 = 33 人
(2) (56+55+53+52+51) ÷ 5 = 53.4g
(3) (19+18+24+15) ÷ 4 = 19L
(4) (45+40+45+35+70+60+55) ÷ 7 = 50 分

2 (1) 25.2×100÷40=63cm (2) 25 × 15 = 375 ページ

3 (1) (11+9+4)÷3 = 8dL (2) 11−8=3dL，9−8 = 1dL

第19回 平均 (2)

●問題 39 ページ

1 (1) 41.1kg (2) 140.9cm (3) 39.2kg
(4) 37.2kg (5) 134.1cm

2 (1) 38.9kg (2) 138.1cm

3 (1) 548.4cm (2) 132.9cm

▶例えば，A，B 2 人の平均が 40kg で，C が 43kg の場合，3 人の平均は (40 × 2 + 43) ÷ 3 = 41kg と求めます。

1 (1) (43.4 + 38.6 + 41.3) ÷ 3 = 41.1kg
(2) (143.2+136.6+145.7+138.1)÷4 = 140.9cm
(3) 38.4 × 3 − 38.7 − 37.3 = 39.2kg
(4) 38.5 × 4 − 39.6 − 41.3 − 35.9 = 37.2kg
(5) 138 × 3 − 138.6 − 141.3 = 134.1cm

2 (1) (38.5 × 2 + 39.7) ÷ 3 = 38.9kg
(2) (138.6 × 3 + 136.6) ÷ 4 = 138.1cm

3 (1) 137.1 × 4 = 548.4cm (2) 548.4 − 138.5 × 3 = 132.9cm

第20回 かくにんテスト (第 16 ～ 19 回)

●問題 41 ページ

1 (1) $3\frac{3}{14}$kg (2) $6\frac{19}{24}$m
(3) $3\frac{23}{24}$kg (4) $2\frac{3}{10}$m

2 (1) 65cm (2) 180 ページ

3 (1) 38kg (2) 136.8cm

▶分数，平均のかくにんテストです。分母の異なるたし算，ひき算は計算の基礎です。復習しておきましょう。

1 (1) $2\frac{6}{7}+\frac{5}{14}=3\frac{3}{14}$kg (2) $5\frac{1}{6}+1\frac{5}{8}=6\frac{19}{24}$m
(3) $4\frac{7}{12}-\frac{5}{8}=3\frac{23}{24}$kg (4) $3\frac{2}{15}-\frac{5}{6}=2\frac{3}{10}$m

2 (1) 32.5 × 100 ÷ 50 = 65cm
(2) 12 × 15 = 180 ページ

3 (1) (37.2 × 2 + 39.6) ÷ 3 = 38kg
(2) (136.3 × 3 + 138.3) ÷ 4 = 136.8cm

第21回 割合 (1)

●問題 43 ページ

1 (1) 5 倍 (2) 2.8 倍 (3) 48 (4) 48
(5) 30 (6) 90.5

2 (1) 32cm (2) 13.8cm

3 (1) 4 (2) 0.25 倍

▶割合の問題です。まずは4年生の復習から入りました。割合は大切な分野の 1 つです。

1 (1) 140 ÷ 28 = 5 倍 (2) 42 ÷ 15 = 2.8 倍
(3) 12 × 4 = 48 (4) 20 × 2.4 = 48
(5) 120 ÷ 4 = 30 (6) 72.4 ÷ 0.8 = 90.5

2 (1) 40 × 0.8 = 32cm (2) 41.4 ÷ 3 = 13.8cm

3 (1) 1200 ÷ 300 = 4 (2) 300 ÷ 1200 = 0.25 倍

第22回 割合（2）↓

●問題 45 ページ

1 (1) 18人 (2) 64円 (3) 80%
(4) 36% (5) 2800円

2 (1) 48ページ (2) 80ページ

3 (1) 66ページ (2) 165ページ

▶もとにする量，比べられる量，割合を文章から正しく判断しましょう。% を小数で表すときは，100% を1として，10% は0.1，1% は0.01で表し，それをかけます。

1 (1) 120 × 0.15 = 18人 ※ 15% = 0.15
(2) 320 × 0.2 = 64円
(3) 1600 ÷ 2000 = 0.8 80%
(4) 540 ÷ 1500 = 0.36 36%
(5) 4000 × (1 − 0.3) = 2800円 ※ 3割 = 0.3

2 (1) 36 ÷ (1 − 0.25) = 48ページ
(2) 48 ÷ (1 − 0.4) = 80ページ

3 (1) 24 + 42 = 66ページ
(2) 66 ÷ (1 − 0.6) = 165ページ

第23回 速さ（1）↓

●問題 47 ページ

1 (1) 時速4km (2) 分速40m (3) 秒速5m
(4) 12km (5) 300m (6) 120m

2 (1) 2時間 (2) 6分

3 (1) 16個 (2) 8時間20分

▶速さの問題です。「速さ＝道のり÷時間」，「道のり＝速さ×時間」，「時間＝道のり÷速さ」です。

1 (1) 8 ÷ 2 = 4km/時 (2) 2000 ÷ 50 = 40m/分
(3) 100 ÷ 20 = 5m/秒 (4) 4 × 3 = 12km
(5) 60 × 5 = 300m (6) 4 × 30 = 120m

2 (1) 8 ÷ 4 = 2時間 (2) 360 ÷ 60 = 6分

3 (1) 480 ÷ 30 = 16個
(2) 8000 ÷ 16 = 500分 8時間20分

第24回 速さ（2）↓

●問題 49 ページ

1 (1) 分速360m (2) 時速36km
(3) 分速350m (4) 秒速25m
(5) 126km (6) 0.6時間

2 (1) 分速120m (2) 時速36km

3 (1) 320m (2) 時速28.8km

▶速さの問題です。時速から分速など，単位換算をできるようになってください。

1 (1) 6 × 60 = 360m/分
(2) 10 × 3600 = 36000m/時 36km/時
(3) 21000 ÷ 60 = 350m/分
(4) 90000 ÷ 3600 = 25m/秒
(5) 72 × 105 ÷ 60 = 126km (6) 24 ÷ 40 = 0.6時間

2 (1) 90 × 20 ÷ 15 = 120m/分
(2) 24÷40 = 0.6時間 = 36分 1時間16分 − 36分 = 40分
24 ÷ 40 × 60 = 36km/時

3 (1) 60 × 320 ÷ 60 = 320m
(2) 320 ÷ 40 = 8m/秒，
8 × 3600 ÷ 1000 = 28.8km/時

第25回 かくにんテスト（第21～24回）↓

●問題 51 ページ

1 (1) 100円 (2) 75% (3) 2160円
(4) 分速480m (5) 分速700m
(6) 秒速20m

2 (1) 200ページ (2) 分速125m

3 (1) 300m (2) 時速36km

▶割合と速さの問題のかくにんテストです。どちらも大切な単元ですので，復習をしておいてください。

1 (1) 400 × 0.25 = 100円
(2) 1200 ÷ 1600 = 0.75 75%
(3) 3600×(1−0.4) = 2160円
(4) 8×60 = 480m/分
(5) 42000÷60 = 700m/分
(6) 72000÷3600 = 20m/秒

2 (1) 50 ÷ (1 − 0.75) = 200ページ
(2) 80 × 25 ÷ 16 = 125m/分

3 (1) 90 × 200 ÷ 60 = 300m
(2) 300÷30 = 10m/秒，10 × 3600÷1000 = 36km/時

第26回 三角形と四角形

●問題 53 ページ

1 (1) 180 度 (2) 360 度 (3) 73 度 (4) 94 度 (5) 44 度

2 角ア 36 度　角イ 79 度

3 (1) 540 度 (2) 720 度

▶三角形，四角形の問題です。○角形の内角の和は，180 × (○ − 2) で求めることができます。

1 (3) 128 − 55 = 73 度
(4) 360 − 120 − 76 − 70 = 94 度
(5) 360 − 116 − 110 − 90 = 44 度

2 角ア 180 − 70 × 2 = 40，76 − 40 = 36 度
角イ 180 − 36 − 65 = 79 度

3 (1) 180 × 3 = 540度　(2) 180×(6−2)= 720度

第27回 正多角形

●問題 55 ページ

1 (1) 720 度 (2) 900 度 (3) 1080 度
(4) 72 度 (5) 60 度

2 (1) 720 度 (2) 30 度 (3) 60 度

3 (1) ア：45 度　イ：45 度 (2) 135 度

▶正多角形の問題です。3のイの角を外角といいます。外角の和は 360 度で一定です。

1 (1) 180×4 = 720 度　(2) 180×(7−2)= 900 度
(3) 180 × (8 − 2) = 1080 度 (4) 360 ÷ 5 = 72 度
(5) 360 ÷ 6 = 60，(180 − 60) ÷ 2 = 60 度

2 (1) 180 × (6 − 2) = 720 度
(2) 720 ÷ 6 = 120，(180 − 120) ÷ 2 = 30 度
(3) 180 − 30 − 90 = 60 度

3 (1) ア 360 ÷ 8 = 45 度　イ (180−45)÷2×2 = 135 度
180−135 = 45 度 (2) 180 × (8 − 2) ÷ 8 = 135 度

第28回 円 (1)

●問題 57 ページ

1 (1) 18.84cm (2) 31.4cm (3) 50.24cm
(4) 69.08cm (5) 12.56cm (6) 31.4cm

2 (1) 30.84cm (2) 28.56cm

3 (1) 2cm (2) 15cm

▶円の問題です。円周率の 3.14 は，「円周÷直径」の値で，どんな円でも一定です。中学からは半径を r で表します。

1 (1) 6 × 3.14 = 18.84cm (2) 10 × 3.14 = 31.4cm
(3) 8×2×3.14=50.24cm (4) 11 × 2 × 3.14 = 69.08cm
(5) 8 × 3.14 ÷ 2 = 12.56cm
(6) 10 × 2 × 3.14 ÷ 2 = 31.4cm

2 (1) 6 × 2 × 3.14 ÷ 2 + 6 × 2 = 30.84cm
(2) 8 × 2 × 3.14 ÷ 4 + 8 × 2 = 28.56cm

3 (1) 12.56 ÷ 3.14 ÷ 2 = 2cm
(2) 47.1 × 2 ÷ 3.14 ÷ 2 = 15cm

第29回 円 (2)

●問題 59 ページ

1 (1) 43.96cm (2) 56.52cm (3) 9.42cm
(4) 21.98cm (5) 6cm (6) 4cm

2 (1) 25.12cm (2) 25.12cm

3 (1) 33.12cm (2) 12.56cm

▶円の問題です。円の問題では，○× 3.14 +□× 3.14 = (○+□) × 3.14 のように，分配法則を使うと便利です。

1 (1) 14 × 3.14 = 43.96cm (2) 9 × 2 × 3.14 = 56.52cm
(3) 6×3.14÷2=9.42cm (4) 7×2×3.14÷2=21.98cm
(5) 18.84÷3.14 = 6cm (6) 25.12÷3.14÷2 = 4cm

2 (1) (8 ÷ 2 + 4 ÷ 2 × 2) × 3.14 = 25.12cm
(2) (8 ÷ 2 + 4 ÷ 2 × 2) × 3.14 = 25.12cm

3 (1) (8 ÷ 2 + 4 ÷ 2 × 2) × 3.14 + 8 = 33.12cm
(2) 8 × 3.14 ÷ 4 × 2 = 12.56cm

第30回 かくにんテスト (第 26 ～ 29 回)

●問題 61 ページ

1 (1) 53 度 (2) 93 度 (3) 54 度 (4) 1260 度

2 (1) 47.1cm (2) 12.56cm (3) 12cm

3 (1) 51.4cm (2) 37.68cm

▶多角形，円の確認です。○角形の内角の和＝180×(○−2)，円周の長さ＝直径×円周率を覚えておいてください。

1 (1) 360 − 114 − 121 − 72 = 53 度
(2) 360 − 105 − 72 − 90 = 93 度
(3) 360 ÷ 5 = 72，(180 − 72) ÷ 2 = 54 度
(4) 180 × (9 − 2) = 1260 度

2 (1) 15 × 3.14 = 47.1cm (2) 8 × 3.14 ÷ 2 = 12.56cm
(3) 37.68 ÷ 3.14 = 12cm

3 (1) 10 × 2 × 3.14 ÷ 2 + 10 × 2 = 51.4cm
(2) 6 × 2 × 3.14 ÷ 2 + 6 × 3.14 ÷ 2 × 2 = 37.68cm

第31回 面積 (1)

●問題 63 ページ

1 (1) $32cm^2$ (2) $72cm^2$ (3) $54cm^2$ (4) 4cm (5) 8cm

2 (1) $72cm^2$ (2) 7.2cm

3 (1) $180cm^2$ (2) $10cm^2$

▶平行四辺形の面積の問題です。平行四辺形の面積は「底辺×高さ」で求まります。

1 (1) $8 \times 4 = 32cm^2$ (2) $12 \times 6 = 72cm^2$
(3) $9 \times 6 = 54cm^2$ (4) $32 \div 8 = 4cm$
(5) $48 \div 6 = 8cm$

2 (1) $12 \times 6 = 72cm^2$
(2) 10cm を底辺と見ると，高さアの平行四辺形になるので，$10 \times ア = 72cm^2$，$72 \div 10 = 7.2cm$

3 (1) $90 \times 2 = 180cm^2$ (2) $90 - 40 \times 2 = 10cm^2$

第32回 面積 (2)

●問題 65 ページ

1 (1) $25cm^2$ (2) $33cm^2$ (3) $40cm^2$ (4) 8cm (5) 14cm

2 (1) $70cm^2$ (2) 2cm

3 (1) $62cm^2$ (2) 3.6cm

▶台形の面積の問題です。台形の面積は「(上底＋下底) ×高さ÷ 2」で求まります。

1 (1) $(4 + 6) \times 5 \div 2 = 25cm^2$ (2) $(3 + 8) \times 6 \div 2 = 33cm^2$
(3) $(6 + 10) \times 5 \div 2 = 40cm^2$ (4) $40 \times 2 \div (4 + 6) = 8cm$
(5) $(4 + □) \times 5 \div 2 = 45$，$□ = 14cm$

2 (1) アはイと等しいので，$5 \times 14 = 70cm^2$
(2) $(□+8) \times 14 \div 2 = 70$，$□ = 2cm$

3 (1) $10 \times 8 - 6 \times 3 = 62cm^2$
(2) 図形全体の面積が $62cm^2$ なので，右図の赤色部分の台形の面積は $31cm^2$。台形の面積は，$(上底 + 10) \times 5 \div 2 = 31cm^2$ で表せるので，上底は 2.4cm。求める□の長さは，$□ = 6 - 2.4 = 3.6cm$

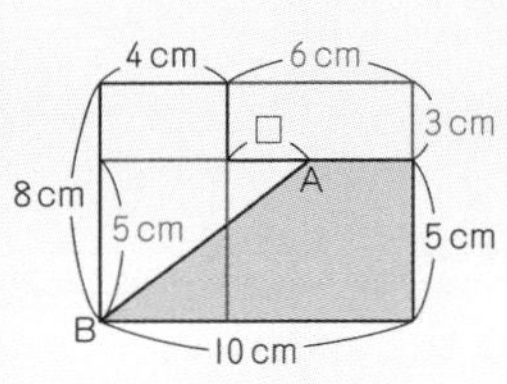

第33回 面積 (3)

●問題 67 ページ

1 (1) $20cm^2$ (2) $54cm^2$ (3) $90cm^2$ (4) 10cm (5) 12cm

2 (1) $54cm^2$ (2) 7.2cm

3 (1) $28cm^2$ (2) 14cm

▶三角形の面積は「底辺×高さ÷ 2」で求まります。公式を使えるだけでなく，求め方も理解しましょう。

1 (1) $8 \times 5 \div 2 = 20cm^2$ (2) $12 \times 9 \div 2 = 54cm^2$
(3) $15 \times 12 \div 2 = 90cm^2$ (4) $20 \times 2 \div 4 = 10cm$
(5) $30 \times 2 \div 5 = 12cm$

2 (1) $12 \times 9 \div 2 = 54cm^2$
(2) $15 \times AD \div 2 = 54cm^2$　$AD = 7.2cm$

3 (1) $7 \times 12 \div 2 - 7 \times (12 - 8) \div 2 = 28cm^2$
(2) 三角形 DFB の面積は，$4 \times AD \div 2 = 28cm^2$
よって，AD=14cm

第34回 面積 (4)

●問題 69 ページ

1 (1) $20cm^2$ (2) $36cm^2$ (3) 6cm (4) $21cm^2$ (5) $20cm^2$

2 (1) $100cm^2$ (2) $25cm^2$

3 (1) $72cm^2$ (2) 3.5cm

▶ひし形と複合図形の面積の問題です。対角線が直交する図形の面積は「対角線×対角線÷ 2」で求まります。

1 (1) $8 \times 5 \div 2 = 20cm^2$ (2) $6 \times 12 \div 2 = 36cm^2$
(3) $24 \times 2 \div 8 = 6cm$ (4) $6 \times 6 - 4 \times 3 \div 2 - 3 \times 3 \div 2 - 1 \times 3 \div 2 - 2 \times 3 \div 2 = 21cm^2$
(5) $5 \times 8 \div 2 = 20cm^2$

2 (1) $10 \times 10 = 100cm^2$ (2) $100 \div 4 = 25cm^2$

3 (1) $(5 + 4) \times 8 \div 2 \times 2 = 72cm^2$
(2) 図形全体の面積が $72cm^2$ なので，右図の赤色部分を除いた長方形の面積は $60cm^2$。
したがって，
$□ = 60 \div 8 - 4 = 3.5cm$

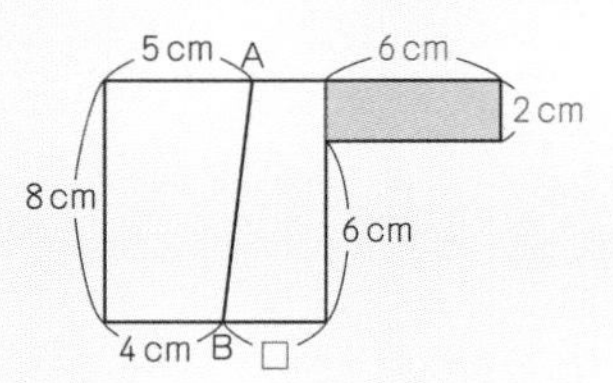

第35回 かくにんテスト（第31～34回）

●問題 71 ページ

1 (1) $42cm^2$　(2) $30cm^2$　(3) $36cm^2$
(4) $48cm^2$　(5) $75cm^2$　(6) $104cm^2$

2 (1) 6.4cm　(2) 8cm　(3) 12cm

3 (1) $36cm^2$　(2) $60cm^2$

▶面積に関するかくにんテストです。面積を求める公式が出てきました。公式を使えるだけでなく，求め方も理解させてください。

1 (1) $7 \times 6 = 42cm^2$　(2) $(6+9) \times 4 \div 2 = 30cm^2$
(3) $(5+7) \times 6 \div 2 = 36cm^2$　(4) $12 \times 8 \div 2 = 48cm^2$
(5) $15 \times 10 \div 2 = 75cm^2$　(6) $13 \times 16 \div 2 = 104cm^2$

2 (1) $(2+□) \times 5 \div 2 = 21$ (cm^2)，□＝6.4cm
(2) $24 \times 2 \div 6 = 8cm$　(3) $42 \times 2 \div 7 = 12cm$

3 (1) $9 \times 8 \div 2 = 36cm^2$
(2) $4 \times 12 \div 2 = 24$，$24 + 36 = 60cm^2$

第36回 直方体と立方体（1）

●問題 73 ページ

1 (1) $125cm^3$　(2) $1000cm^3$　(3) $240cm^3$
(4) $1080cm^3$　(5) $1440cm^3$

2 (1) $320cm^3$　(2) $304cm^2$

3 (1) $864cm^3$　(2) $288cm^3$

▶立方体と直方体の問題です。面積の単位は，cm × cm ＝ cm^2，体積の単位は，cm × cm × cm ＝ cm^3 となります。展開図の問題は，組み立てられた図形をイメージすることが大切です。

1 (1) $5 \times 5 \times 5 = 125cm^3$　(2) $10 \times 10 \times 10 = 1000cm^3$
(3) $6 \times 8 \times 5 = 240cm^3$　(4) $9 \times 12 \times 10 = 1080cm^3$
(5) $10 \times 12 \times 12 = 1440cm^3$

2 (1) $4 \times 8 \times 10 = 320cm^3$
(2) $(4 \times 8 + 8 \times 10 + 10 \times 4) \times 2 = 304cm^2$

3 (1) $12 \times 12 \times 6 = 864cm^3$
(2) $12 \times 12 \times (8 - 6) = 288cm^3$

第37回 直方体と立方体（2）

●問題 75 ページ

1 (1) 1000　(2) 1000　(3) 1　(4) $2250cm^3$
(5) $3200cm^3$

2 (1) $875cm^3$　(2) $600cm^2$

3 (1) 10cm　(2) 10cm　(3) 8cm

▶立方体と直方体の問題です。**2**の立体の表面積は1辺が10cmの立方体の表面積と同じです。

1 (4) $(10 \times 10 + 5 \times 10) \times 15 = 2250cm^3$
(5) $(10 \times 8 + 15 \times 16) \times 10 = 3200cm^3$

2 (1) $10 \times 10 \times 10 - 5 \times 5 \times 5 = 875cm^3$
(2) $10 \times 10 \times 6 = 600cm^2$

3 (1) $10 \times 10 = 100$　10cm
(2) $10 \times 10 \times 10 = 1000$　10cm
(3) $8 \times 8 \times 8 = 512$　8cm

第38回 直方体と立方体（3）

●問題 77 ページ

1 (1) $96cm^2$　(2) $294cm^2$　(3) $148cm^2$
(4) $174cm^2$　(5) $252cm^2$

2 (1) $840cm^3$　(2) $588cm^2$

3 (1) $324cm^3$　(2) $342cm^2$

▶立方体と直方体の問題です。この問題に限らず，図形問題は積極的に図にかき込んで整理してください。

1 (1) $4 \times 4 \times 6 = 96cm^2$　(2) $7 \times 7 \times 6 = 294cm^2$
(3) $(4 \times 5 + 5 \times 6 + 6 \times 4) \times 2 = 148cm^2$
(4) $(3 \times 5 + 5 \times 9 + 9 \times 3) \times 2 = 174cm^2$
(5) $6 \times 6 \times 6 + 3 \times 3 \times 6 - 3 \times 3 \times 2 = 252cm^2$

2 (1) $(12 \times 9 - 6 \times 4) \times 10 = 840cm^3$
(2) $(12 \times 9 - 6 \times 4) \times 2 + (12 + 9) \times 2 \times 10 = 588cm^2$

3 (1) $(18-3-3) \times (24-3-3) \div 2 \times 3 = 324cm^3$
(2) $(12 \times 9 + 9 \times 3 + 3 \times 12) \times 2 = 342cm^2$

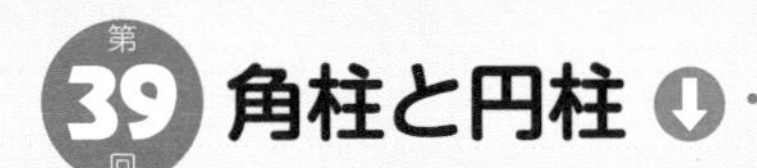

第39回 角柱と円柱

●問題 79 ページ

1 (1)

	面の数	頂点の数	辺の数
三角柱	5	6	9
四角柱	6	8	12
五角柱	7	10	15
六角柱	8	12	18

(2) 2

2 250cm³ → $250cm^3$

3 (1) $30cm^3$ (2) $72cm^2$

4 (1) $803.84cm^3$ (2) $502.4cm^2$

▶角柱と円柱の問題です。(面の数) + (頂点の数) − (辺の数) = 2 になります。オイラーの多面体定理といいます。

2 $50 \times 5 = 250cm^3$

3 (1) $3 \times 4 \div 2 \times 5 = 30cm^3$

(2) $3 \times 4 \div 2 \times 2 + (3 + 4 + 5) \times 5 = 72cm^2$

4 (1) $4 \times 4 \times 3.14 \times 16 = 803.84cm^3$

(2) $4 \times 4 \times 3.14 \times 2 + 8 \times 3.14 \times 16 = 502.4cm^2$

第40回 かくにんテスト（第 36 ～ 39 回）

●問題 81 ページ

1 (1) $1331cm^3$ (2) $720cm^3$ (3) 1600

(4) 12000 (5) $960cm^3$

2 (1) $192cm^3$ (2) $240cm^2$

3 (1) $96cm^3$ (2) $152cm^2$

▶直方体，立方体と角柱のかくにんテストです。角柱の体積の求め方は，「底面積×高さ」です。

1 (1) $11 \times 11 \times 11 = 1331cm^3$

(2) $4 \times 12 \times 15 = 720cm^3$

(5) $(8 \times 16 - 8 \times 4) \times 10 = 960cm^3$

2 (1) $6 \times 8 \div 2 \times 8 = 192cm^3$

(2) $6 \times 8 \div 2 \times 2 + (6 + 8 + 10) \times 8 = 240cm^2$

3 (1) $(12 - 2 - 2) \times (16 - 2 - 2) \div 2 \times 2 = 96cm^3$

(2) $(8 \times 6 + 6 \times 2 + 2 \times 8) \times 2 = 152cm^2$

第41回 比 (1)

●問題 83 ページ

1 (1) 3：2 (2) 2：3 (3) 3：4 (4) 4：5

(5) 2：1 (6) 2：3 (7) 2：3 (8) 3：2

2 (1) 2 (2) 3 (3) 12 (4) 30

3 (1) 1：6 (2) 4：3 (3) 9：10

▶比の先取りの問題です。抽象的な概念ですので，小学校で学習する単元で最も難しいものの 1 つです。

1 最大公約数でわり算をして求めます。

2 (1) $8 \div 4 = 2$ (2) $18 \div 6 = 3$

(3) $4 \times 3 = 12$ (4) $15 \times 2 = 30$

3 通分をして求めます。通分をすることで，比を整数で簡単に表すことができます。

(1) $\frac{1}{3} : \frac{6}{3} = 1 : 6$ (2) $\frac{8}{9} : \frac{6}{9} = 8 : 6 = 4 : 3$

(3) $\frac{3}{2} : \frac{5}{3} = \frac{9}{6} : \frac{10}{6} = 9 : 10$

第42回 比 (2)

●問題 85 ページ

1 (1) 6：4：3 (2) 5：4：3

(3) 3：2：1 (4) 6：5：7

(5) 4：3：2 (6) 4：3：2

2 (1) $\frac{4}{3}$ (2) $\frac{4}{5}$ (3) $\frac{4}{5}$ (4) $\frac{1}{2}$

3 (1) 5：4 (2) 3：2

(3) 5：3 (4) 20：1

4 (1) 2：3：6 (2) 14：12：9

▶比の先取り問題です。**1**・**4**のような，3 つ以上の比を「連比（れんぴ）」といいます。今後使うので練習しておきましょう。

1 最大公約数でわり算をして求めます。

2 (1) $20 \div 15 = \frac{4}{3}$ (2) $8 \div 10 = \frac{4}{5}$

(3) $12 \div 15 = \frac{4}{5}$ (4) $12 \div 24 = \frac{1}{2}$

3 単位をそろえてから求めます。

(1) 100cm：80cm = 5：4 (2) 1200g：800g = 3：2

(3) $200m^2$：$80m^2$ = 5：3 ※ 1a (アール) = $100m^2$

(4) 3000m：150m = 20：1

4 まず 2 つの B の最小公倍数を求めます。(1) なら 3 と 2 の最小公倍数は 6 なので A：B には全体に 2 をかけ，B：C には全体に 3 をかけます。

(1) A：B = 4：6，B：C = 6：12，
A：B：C = 4：6：12 = 2：3：6

(2) A：B = 14：12，B：C = 12：9，
A：B：C = 14：12：9

第43回 比（3）

●問題 87 ページ

1 (1) 9：8　(2) 9：17　(3) 5：4　(4) 5：4
(5) 4：3

2 (1) 15 人　(2) 33 人

3 (1) 200 円　(2) 700 円

▶比の先取りの問題です。**3**は2人の持っているお金の和が変わらないことがポイントです。

1 (1) 18：16＝9：8　(2) 18：(18＋16)＝9：17
(3) 1500：1200＝5：4　(4) 35：28＝5：4
(5) 128：96＝4：3

2 (1) 20÷4×3＝15人　(2) 18÷6×(5＋6)＝33人

3 (1) (1200＋800)÷(1＋1)＝1000
1200－1000＝200円
(2) (1200＋800)÷(1＋3)＝500
1200－500＝700円

第44回 比（4）

●問題 89 ページ

1 (1) 900 円　(2) 900 円　(3) 70 個　(4) 40 個
(5) 1500 円

2 (1) 5：4：6　(2) 1600 円

3 (1) 1125 円　(2) 375 円

▶比の先取りの問題です。比の文章題は，倍数算などいろいろな分野に多く使われます。練習しておきましょう。

1 (1) 1500÷(3＋2)×3＝900円
(2) 2400÷(5＋3)×3＝900円
(3) 100÷(7＋3)×7＝70個
(4) 120÷(3＋2＋1)×2＝40個
(5) 3600÷(5＋4＋3)×5＝1500円

2 (1) B：C＝4：6，A：B：C＝5：4：6
(2) 4800÷(5＋4＋6)×5＝1600円

3 (1) 500÷(9－5)×9＝1125円
(2) 500÷(7－3)×3＝375円

第45回 かくにんテスト（第41～44回）

●問題 91 ページ

1 (1) 6：4：3　(2) 5：4：3　(3) 3：2：1
(4) 6：5：7　(5) 4：3：2　(6) 4：3：2

2 (1) 2　(2) 9　(3) 24　(4) 36

3 (1) 4：3　(2) 24 人

4 (1) 84 個　(2) 60 個　(3) 2380 円

▶比の先取りの問題です。比はいろんな問題に使われます。中学や高校になっても役立ちます。

1 最大公約数でわり算をします。

2 (1) 6÷3＝2　(2) 18÷2＝9
(3) 4×6＝24　(4) 12×3＝36

3 (1) 96：72＝4：3　(2) 20÷5×6＝24人

4 (1) 144÷(7＋5)×7＝84個
(2) 180÷(5＋4＋3)×4＝60個
(3) A：B：C＝7：4：10，
7140÷(7＋4＋10)×7＝2380円

第46回 5年生のまとめ（1）

●問題 93 ページ

1 (1) 91.52　(2) 18.42　(3) 17　(4) 5.8

2 (1) 1.28kg　(2) 85 本　(3) 6.2km
(4) 17 本，あまり 13.6cm

3 (1) 90　(2) 4　(3) 4，96

4 (1) 7 人　(2) 4 個

▶小数と公倍数，公約数の復習です。小数のかけ算，わり算の問題では，小数点の位置に注意してください。

2 (1) 0.8×1.6＝1.28kg
(2) 272÷3.2＝85本
(3) 15.5÷2.5＝6.2km
(4) 256.7÷14.3＝17本…13.6cm

3 (1) 3×5×6＝90
(2) 2×2＝4
(3) 2×2＝4，2×2×3×2×4＝96

4 (1) 56と63の最大公約数は7なので，7人
(2) 8と12の最小公倍数は24なので，100÷24＝4…4

第47回 5年生のまとめ (2)

●問題 95 ページ

1 (1) $3\frac{19}{20}$m (2) $1\frac{23}{24}$kg (3) 36.8kg (4) 39.5kg (5) 137.5cm

2 (1) 80% (2) 60 ページ

3 (1) 96km (2) 0.9 時間 (3) 分速 100m

▶分数, 平均, 速さの復習です。異分母どうしのたし算, ひき算は重要です。

1 (1) $3\frac{1}{5}+\frac{3}{4}=3\frac{19}{20}$m (2) $3\frac{7}{12}-1\frac{5}{8}=1\frac{23}{24}$kg
(3) $38.4\times4-(39.3+40.7+36.8)=36.8$kg
(4) $(39.6\times2+39.3)\div3=39.5$kg
(5) $(137.9\times3+136.3)\div4=137.5$cm

2 (1) $1440\div1800\times100=80$%
(2) $42\div(1-0.3)=60$ ページ

3 (1) $72\times80\div60=96$km (2) $36\div40=0.9$ 時間
(3) $80\times20\div16=100$m/分

第48回 5年生のまとめ (3)

●問題 97 ページ

1 (1) 51 度 (2) 720 度 (3) 21.98cm (4) 18.84cm (5) 3.5cm (6) 4.5cm

2 (1) 28cm^2 (2) 28cm^2 (3) 44cm^2

3 (1) 2401cm^3 (2) 1176cm^2

▶図形の復習問題です。面積, 体積, 内角の和など公式を確認してください。

1 (1) $360-(136+100+73)=51$ 度
(2) $180\times(6-2)=720$ 度
(3) $7\times3.14=21.98$cm (4) $12\times3.14\div2=18.84$cm
(5) $21.98\div3.14\div2=3.5$cm
(6) $14.13\times2\div3.14\div2=4.5$cm

2 (1) $7\times4=28$cm^2 (2) $(3+5)\times7\div2=28$cm^2
(3) $11\times8\div2=44$cm^2

3 (1) $14\times14\times14-7\times7\times7=2401$cm^3
(2) $14\times14\times6=1176$cm^2

第49回 チャレンジ (1)

●問題 99 ページ

1 (1) 2064 (2) 15

2 336

3 $\frac{91}{175}$

4 1260 円

5 3cm^2

▶中学入試問題です。挑戦してみてください。

1 (1) 「9の倍数＋3」と「11の倍数＋7」をそれぞれ書き出していくと, 一番小さい数は 84 とわかります。その後は 99 (＝9と 11 の最小公倍数) ごとに出てきます。
$(2020-84)\div99=19\cdots55$, $99\times20+84=2064$
(2) $41-11=30$, $56-11=45$, 30 と 45 の最大公約数は 15

2 $1+2+3+4+6+11+12+22+33+44+66+132=336$

3 $84\div(25-13)=7$, $\frac{7\times13}{7\times25}=\frac{91}{175}$

4 $1800\times(1-0.3)=1260$ 円

5 平行四辺形 ABCD の面積が 18cm^2 なので, 三角形 ACD の面積は 9cm^2。三角形 ACD から斜線部分の面積をひいた三角形 CEF は 3cm^2。三角形 CEF と三角形 ABE は面積が等しい (等積変形を利用) ため, 三角形 $ABE=18\div2-6=3$cm^2

第50回 チャレンジ (2)

●問題 101 ページ

1 16cm **2** 9km

3 77 点 **4** 84cm

5 64 点 **6** 1650 円

▶チャレンジ問題です。中学受験問題にはいろいろなおもしろい出題があります。今後もどんどん挑戦しましょう。

1 斜線部分の面積を 2 倍すると, 長方形全体の面積になるので, $72\times2\div9=16$cm

2 $5\times0.5\times3600=9000$m 9km

3 $83\times4-85\times3=77$ 点

4 12 と 14 と 21 の最小公倍数は 84 なので, 84cm

5 $(58.5\times40-54\times22)\div18=64$ 点

6 $1620\div1.08\times1.1=1650$ 円